KB066687

체험하는

어린이천문학

별자리와 별

체험하는 어린이천문학 별과 별자리

1판 1쇄 펴냄 2019년 7월 22일

1판 9쇄 펴냄 2023년 9월 01일

발행인 김승현
책 임 남궁산
기 획 유진희, 이상훈
디자인 유지혜
일러스트 남궁산·유지혜
제작·지원 문승식, 현요준, 김단비
마케팅 이은석, 조현식, 이홍규
감 수 어린이천문대
주 소 경기도 고양시 일산동구 중산로 306-176
전 화 031-975-3241
팩 스 031-363-3955
ISBN 978-89-97487-32-5(개정증보판)
발행처 한맥출판사·아스트로캠프
이 책에 쓰인 폰트 산돌, 티몬체

추천의 글

전국 각지에 크고 작은 천문과학관이 들어서고 있다. 별을 좋아하는 민간단체가 세운 천문대도 있고, 정부나 지방자치단체가 주관하여 조성하는 과학관의 망원경 시설들과 시민천문대도 있다. 현재 이런 설비들이 늘어나는 추세이니 사는 지역과 관계없이 별을 볼 기회는 더욱 많아질 것이다.

망원경은 우주와의 교감을 가능하게 한다. 천문대를 방문하여 망원경을 통해 달과 토성, 그리고 몇 가지 천체들을 본 사람은 남녀노소를 막론하고 우주의 신비를 엿보는 진한 감동을 받으며 일상에서 벗어난 즐거움을 느낀다. 특히 어린아이는 오랫동안 이런 경험을 기억한다고 한다.

광대한 우주는 아주 오래전부터 인간의 호기심을 자극해 왔고 호기심으로 시작된 깊은 생각들은 철학과 고대과학의 근간이 되었다. 우주의 아름다움은 우리 눈에 비추어지는 신비로움에만 있는 것이 아니다. 별과 행성, 그리고 성운, 성단, 은하로 이어지는 다양한 우주의 현상을 논리적으로 이해하고자 할 때 그 아름다움이 더욱 커진다. 이런 점에서 크고 작은 망원경 시설을 갖춘 많은 천문대의 활동이 망원경을 이용해 우주를 관람하는 것에 그치는 것은 매우 안타까운 일이다.

천문교육가 김승현의 이 책은 그런 점에서 매우 중요한 메시지를 전해 준다. 그가 운영하는 어린이천문대는 눈으로 즐기는 우주가 아닌 우리에게 생각의 기회를 주는 우주를 강조하고 있다. 맞는 이야기이다. 갈릴레이는 400년 전에 망원경을 통하여 처음 우주를 들여다 보았다. 만약 그가 과학관의 단순 관람자처럼 시각적인 감동만을 받았다면 오늘날 과학의 역사는 매우 달라져 있을 것이다.

우주에 대한 호기심을 가질 때, 그리고 그 호기심을 논리적으로 생각하고자 할 때 우주는 우리 어린이들에게 갈릴레이의 경험을 그대로 느끼게 할 것이다. 어린이천문대에서 아이들에게 들려준 이야기들이 담겨 있는 이 책이 다른 과학관이나 천문대에서도 사용되기 바란다. 천문대를 방문하는 어린이들뿐만 아니라 가족들에게도 이 책은 중요한 길잡이이다. 별과 우주는 구경하는 대상이 아니라 생각하는 대상이라는 것을 알게 하여줄 것이므로.

연세대학교 천문우주학과 교수 **변용익**

추천의 글

밤하늘 여행을 통하여 어린이들에게 천문학의 역사와 발견의 기쁨을 심어주었던 김승현 어린이천문대 총대장이 재미있고 신비한 별과 우주의 세계를 이 책 하나에 담았다. 이 책은 천체의 특징과 밝기, 망원경과 빛 등 어린이들이 궁금해하는 것에 대하여 매우 쉽고 재미있게 쓰였다.

또한, 천체와 우주에 대하여 빠짐없이 자세하게 다룬, 천문학에 대한 어린이의 모든 궁금증을 해결해줄 수 있는 뛰어난 천문학 안내서이다.

이것은 저자가 천문대에서 어린이들의 수많은 질문과 궁금증에 대하여 친절하게 설명하면서 쌓인 통찰력으로 생각된다. 어린이가 이해할 수 있을 정도로 쉽게 쓰여 있지만, 중학생과 고등학생, 일반인들의 천문학에 대한 궁금증 역시 시원하게 해결해 줄 수 있는 책으로 생각된다.

어린이들이 쉽게 접할 수 있는 좋은 책을 만나게 되어 정말 반갑고, 천문학 여행의 좋은 안내서로 널리 읽히길 바란다.

세종과학고등학교 교사 **강석철**

머리말

어떤 학문보다도 역사가 긴 천문학은 우주에 대한 이해의 우여곡절을 겪는 순간마다 감동적인 지혜를 전해주고 있습니다. 어린이천문대는 이러한 지혜가 담긴 천문학을 더욱 쉽고 체계적으로 어린이뿐만 아니라 흥미를 느끼고 있는 모든 분께 전하고 있습니다.

코페르니쿠스는 우리가 사는 지구가 움직인다는 것을 알게 되고 나서 마음이 어떠했을까요? 갈릴레이는 목성 옆의 별처럼 보이는 목성의 달을 보며, 케플러는 행성 운동의 법칙을 처음으로 확인한 순간 어떤 기분이었을까요? 그리고 허블이 안드로메다 성운이 외부은하인 것을 최초로 확인했을 때 느낀 감동은 어떠했을까요? 그리고 여러분도 그들이 보았던 목성과 화성 그리고 안드로메다은하를 한번 보면 어떨까요? 그들의 감동이 그러한 천체들에서 느껴지지 않을까요?

이 책은 2003년부터 어린이천문대에서 어린이들에게 알려준 별과 우주에 대한 앞선 과학자들의 연구 노력과 발견을 다루고 있습니다.

대부분 내용이 쉽게 이해할 수 있게 되어 있지만 다소 생소한 분야는 선생님이나 엄마, 아빠가 같이 읽어주는 도움만으로도 쉽게 이해할 수 있을 것입니다.

우주의 신비와 인류의 지혜가 강물처럼 흐르는 별과 우주의 세계에 여러분을 초대합니다.

2019. 01. 01

목차

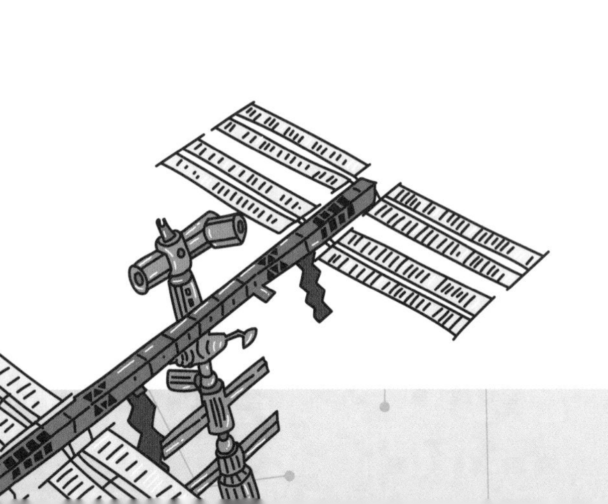

chapter 4

봄철 별자리와 별의 밝기

chapter 5

태양

chapter 6

태양계

chapter10

가을철 별자리와 별의 거리

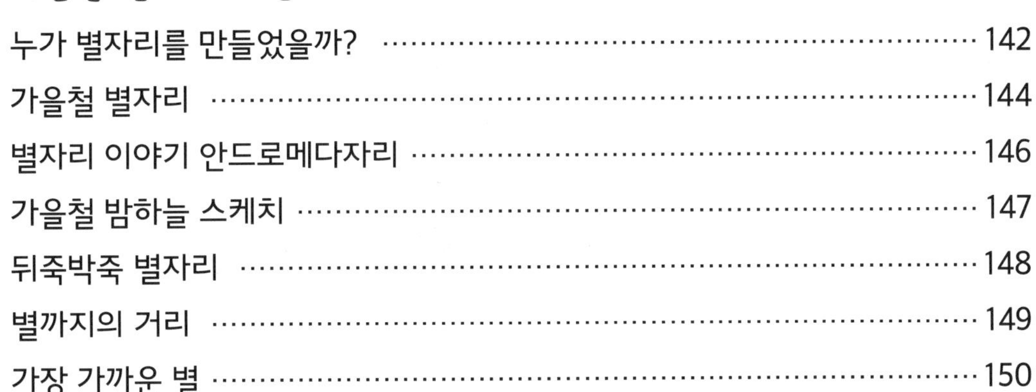

chapter 11

사라진 공룡과 소행성

chapter 12

우주 속의 지구

chapter 01

겨울철 별자리와 별의 색깔

01

- 나만의 별자리 만들기
- 겨울철 별자리
- 별자리 이야기 오리온자리
- 겨울철 밤하늘 스케치
- 별의 색깔

저 별은 나의 별.
저 별도 나의 별.
저 파란 별도
빨간 별도~ 나의 별.
빨간 별은
내 별이야!
어? 그런데
왜 별에는 여러 가지
색깔이 있는 거지?
빨간 별은
화난 별이고 파란 별은
겁에 질린 별인가?!
뭐래…

나만의 별자리 만들기

아래 겨울철 밤하늘을 보세요. 여러 색의 알록달록한 별이 있습니다. 별을 이어 자기 자신만의 별자리를 만들어 보세요. 그리고 별자리에 이름도 지어주세요.

겨울철 별자리

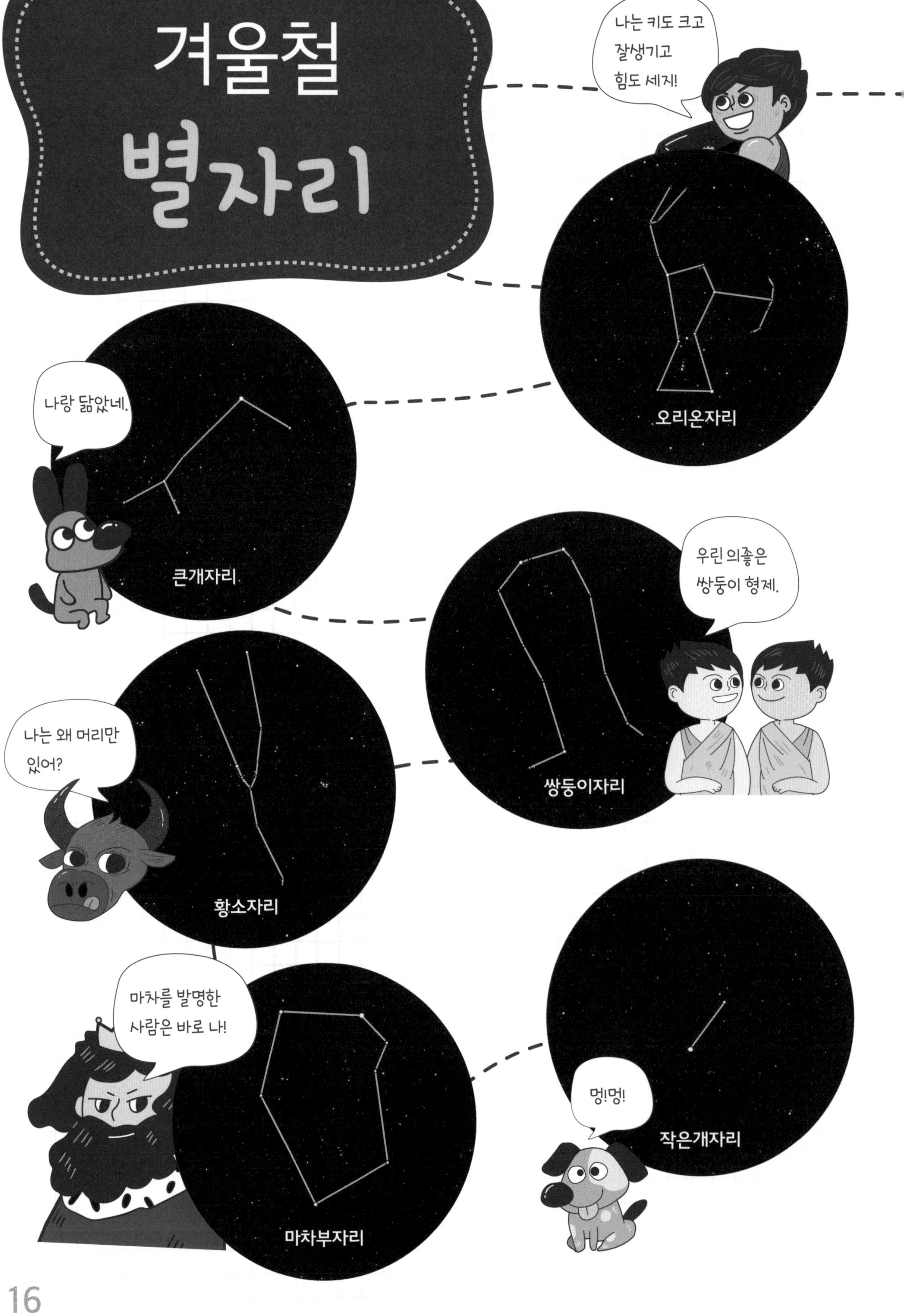

나는 키도 크고 잘생기고 힘도 세지!

오리온자리

나랑 닮았네.

큰개자리

우린 의좋은 쌍둥이 형제.

쌍둥이자리

나는 왜 머리만 있어?

황소자리

마차를 발명한 사람은 바로 나!

마차부자리

멍!멍!

작은개자리

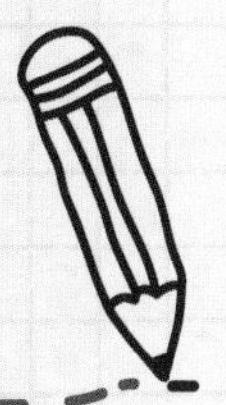

겨울철 별자리를 그려보자.

왼쪽 별자리 사진을 보면서 별자리선을 완성해 보세요. ◉ 표시된 밝은 별을 이어보면 어떤 모양일까요?

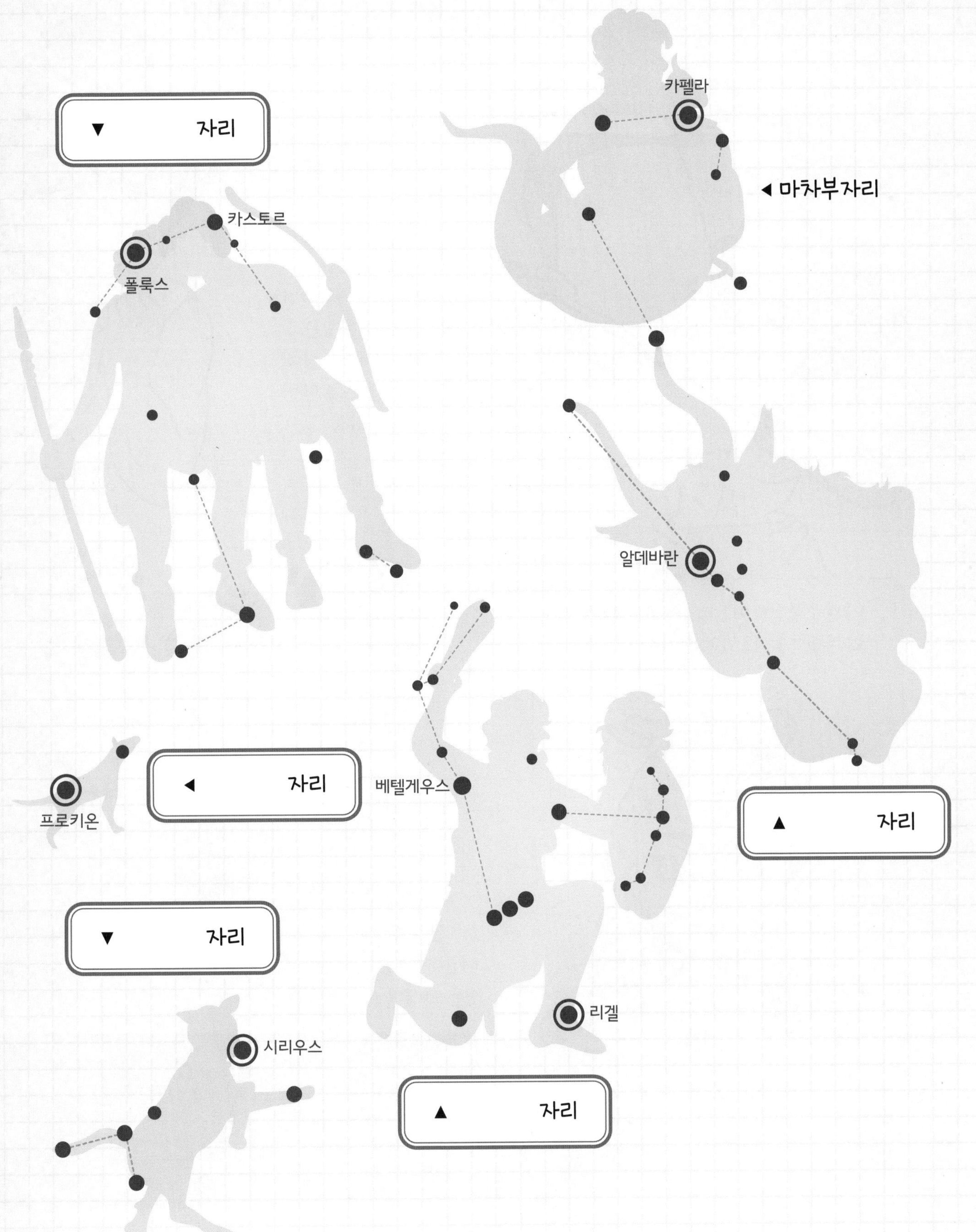

별자리 이야기

오리온자리

오리온자리에는 오리온의 가슴 아픈 사랑 이야기가 담겨 있습니다.

포세이돈의 아들인 오리온은 잘생기고 힘센 사냥꾼입니다.

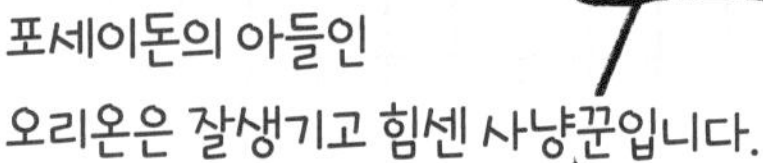

오리온은 메로페 공주를 사랑했지만, 메로페 공주의 아버지 오에노피온 왕은 오리온이 자는 사이 그를 장님으로 만들어 버렸습니다.

오리온을 불쌍히 여긴 태양의 신 아폴론은 오리온의 눈을 치료해 주었습니다.

하지만 동생 아르테미스와 오리온이 사랑에 빠지자, 이를 못마땅하게 여긴 아폴론은 아르테미스의 활 솜씨를 확인해 보자고 부추긴 후, 멀리 있는 오리온을 쏘게 했습니다.

사랑하는 오리온을 쏜 아르테미스는 몹시 슬퍼하며 오리온을 하늘의 별자리로 만들었답니다.

겨울철 밤하늘 스케치

겨울 밤하늘에는 보석처럼 화려한 성운과 성단이 있습니다.

내가 겨울철 별자리의 왕이야!

오리온대성운 (M42)

오리온대성운은 지구로부터 1,600광년 떨어져 있습니다. 마치 날개 펼친 새처럼 보이는 겨울철 대표 성운이지요. 그 속에서는 지금도 별이 태어나고 있답니다.

플레이아데스성단 (M45)

맨눈으로도 별이 6개에서 12개까지 보이는 플레이아데스성단은 오래전부터 잘 알려진 성단입니다. 아주 작은 별까지 합쳐 500개 이상의 어린 별이 모여있습니다. 우리나라에서는 좀생이별로 불렸답니다.

별의 색깔

오리온자리에는 밝게 빛나는 두 별이 있습니다. 하나는 오리온의 겨드랑이에 있는 베텔게우스이고 다른 하나는 오리온의 발에 있는 리겔이지요. 두 별을 자세히 보면 별의 색이 다른 것을 알 수 있습니다.

사진 속 별의 색을 비교해 보세요.
베텔게우스와 리겔은 무슨 색인가요?

베텔게우스 ______ 리겔 ______

쌍둥이자리의 폴룩스와 카스토르는 무슨 색인가요?

카스토르

폴룩스

폴룩스 카스토르

밤하늘에서 가장 밝은 큰개자리의 시리우스는 무슨 색인가요?

시리우스

시리우스

별마다 색깔이 다를까요?

쇳덩이를 불에 달구면 뜨거워지며 색깔이 붉게 변합니다. 그러다 더 뜨거워지면 노란색으로 변합니다. 별도 마찬가지입니다. 새까만 별덩이가 있습니다. 이 별덩이를 불에 달구어 온도가 3,000K가 되게 했습니다. 그랬더니 빨간색으로 변합니다. 더 뜨겁게 달구어 온도가 6,000K가 되게 했더니 어느새 노랗게 변합니다. 이번에는 온도를 더욱 높여서 30,000K가 되도록 달구었습니다. 그랬더니 별덩이의 색이 파란색으로 변합니다.

이처럼 온도에 따라 쇳덩이의 색이 바뀌듯, 별의 색도 온도에 따라 달라집니다.

K(켈빈)은 온도단위로 절대온도라고도 불립니다.(0℃는 273K)

별이 많이 모여 있는 은하 중심부를 허블우주망원경으로 촬영한 사진

와우~ 별이 알록달록하네!

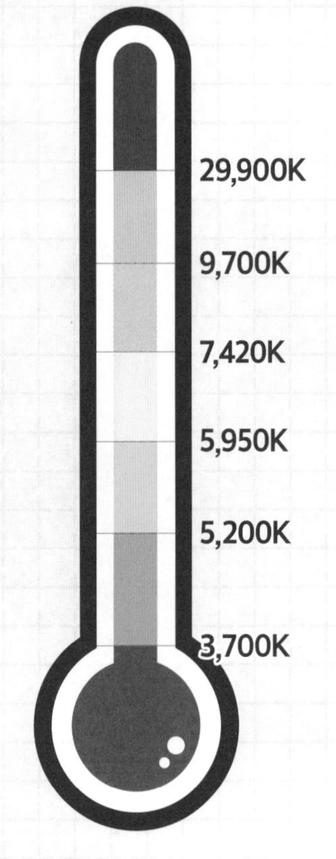
29,900K
9,700K
7,420K
5,950K
5,200K
3,700K

붉은 빛의 베텔게우스는 3,000K 정도의 그다지 뜨겁지 않은 별입니다. 하지만 푸른 빛을 띠는 리겔은 12,000K 이상의 뜨거운 별이지요. 이렇게 별의 색을 관찰하면, 별의 온도를 알 수 있답니다.

태양은 5,800K
정도의 노란 별이지!

가장 뜨거운 별은?

밤하늘의 별 중 가장 뜨거운 별은 어떤 별일까요? 맨눈으로 보이는 별 중 가장 뜨거운 별은 오리온자리에 있습니다. 바로 오리온의 머리에 해당하는 별, 메이사이지요. 메이사는 오리온자리에서 11번째로 밝은 별입니다. 지구로부터 1,000광년 넘게 떨어져 있는데, 그 온도가 무려 약 38,000K나 된답니다.

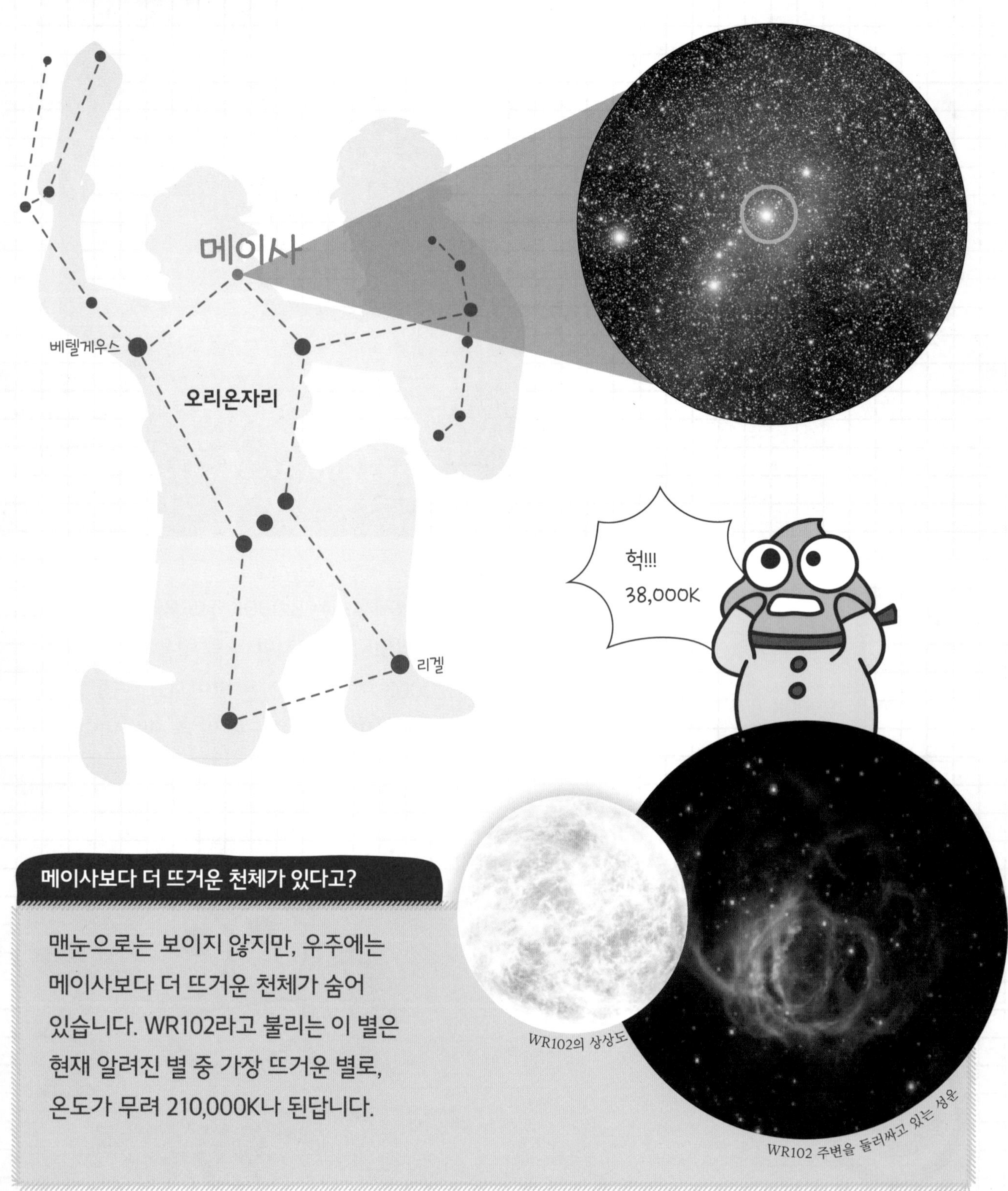

WR102의 상상도

WR102 주변을 둘러싸고 있는 성운

메이사보다 더 뜨거운 천체가 있다고?

맨눈으로는 보이지 않지만, 우주에는 메이사보다 더 뜨거운 천체가 숨어 있습니다. WR102라고 불리는 이 별은 현재 알려진 별 중 가장 뜨거운 별로, 온도가 무려 210,000K나 된답니다.

한 장으로 정리해볼까?

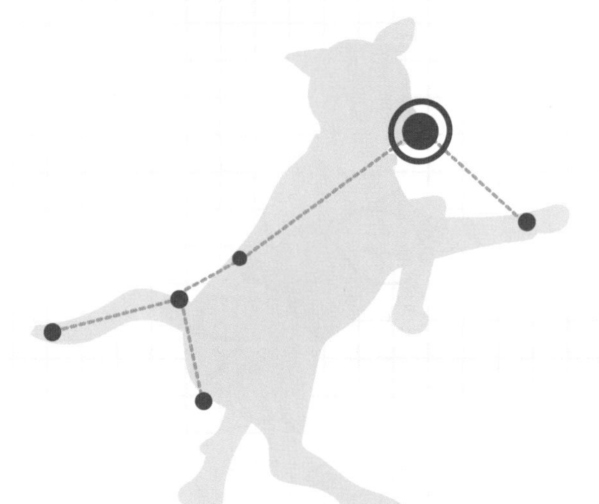

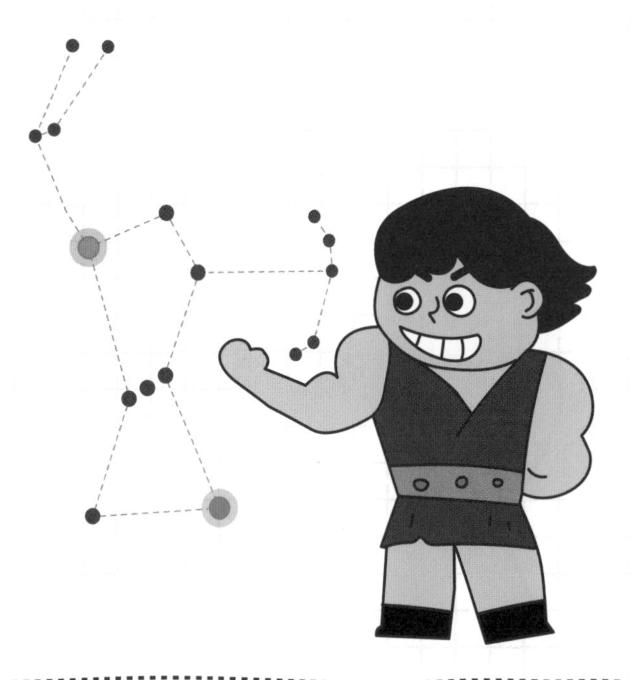

? 문제

① 밤하늘에서 가장 밝게 빛나는 큰개자리의 별은 무엇일까요? (   )

② 30,000K 이상의 높은 온도를 가진 별은 어떤 색일까요? (   )

③ 3,000K 정도의 낮은 온도를 가진 별은 어떤 색일까요? (   )

④ 맨눈으로 볼 수 있는 가장 뜨거운 별은 어느 별자리에 있을까요? (   )

⑤ 우리나라에서 좀생이별로 불린 별 무리의 이름은 무엇일까요? (   )

chapter 02

우주를 향한 도전

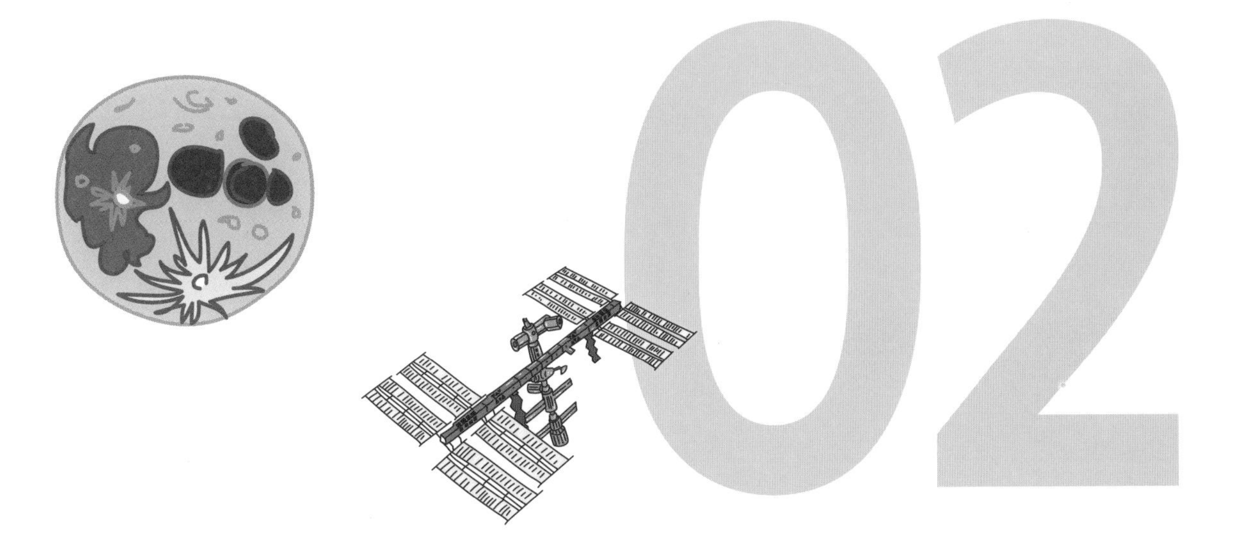

02

- 하늘을 향한 열정
- 우주 개발의 역사

우~~~와~
똥~
아코~
으앙 새똥 맞았어.
별꿈아! 괜찮아?
아악!
날개가 있으면 저 새를
쫓아가서 혼내 줄 수 있을 텐데!

하늘을 향한 열정

하늘을 자유롭게 날아다니는 새를 보며 날고 싶다는 생각을 해본 적 있나요? 하늘을 나는 것은 아주 오래된 인간의 꿈이랍니다.

솜씨 좋은 발명가 다이달로스는 크레타섬의 왕 미노스를 위해 한 번 들어가면 빠져나올 수 없는 미궁을 만들었습니다.
오~!

하지만 미노스 왕은 미궁의 비밀이 유출될까봐 다이달로스와 아들 이카루스를 가두어 버렸습니다.
아빠 우리 어떡해?

다이달로스는 미궁에서 탈출하려고 새의 깃털과 밀랍을 이용해 날개를 만들었습니다.

드디어 하늘을 날아 탈출에 성공한 다이달로스와 이카루스.
아빠는 역시 천재야!

신이 난 이카루스는 너무 높게 날지 말라는 아버지의 당부를 잊고 태양 가까이 날아갔습니다.
안 된다, 얘야~

밀랍이 녹아내리자 깃털이 순식간에 빠져버려 이카루스는 바다로 떨어지고 말았습니다.
으아아악!

최초의 비행1

처음 하늘을 나는 방법을 연구한 다 빈치

레오나르도 다 빈치가 쓴 '새의 비행에 대하여'에는 오르니톱터라는 새의 날개를 닮은 비행 기구가 그려져 있습니다. 오르니톱터는 사람이 안에서 팔과 다리로 날개를 움직여 날도록 만들어 졌습니다. 하지만 이 방법으로 하늘을 날기에는 오르니톱터가 너무 무거웠습니다. 결국 레오나르도 다 빈치는 하늘을 날 수 없었답니다.

▲레오나르도 다 빈치가 설계한 비행기

오르니톱터 모형

레오나르도 다 빈치
1452~1519

레오나르도 다 빈치의 스케치북

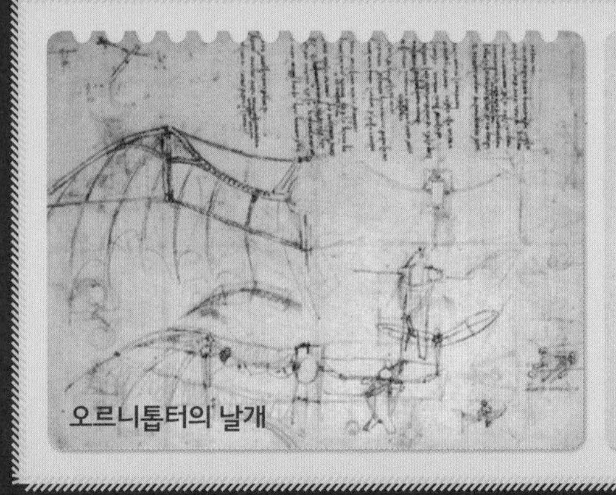
오르니톱터의 날개

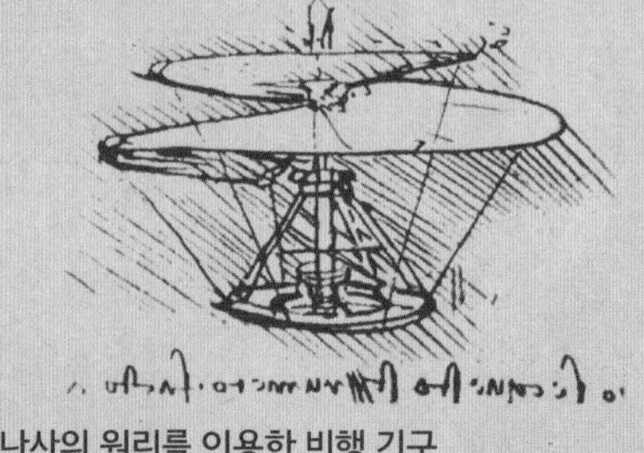
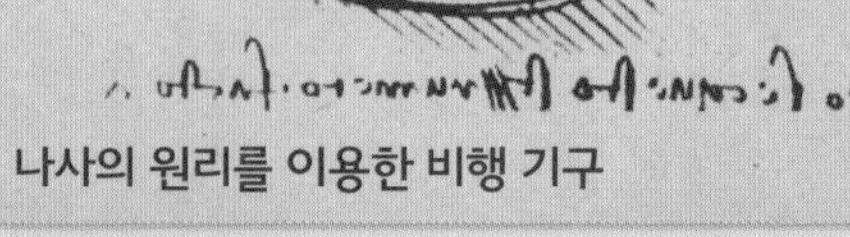
나사의 원리를 이용한 비행 기구

피라미드 모양 낙하산

최초의 비행2

처음 하늘을 나는 데 성공한 **릴리엔탈**

릴리엔탈은 새의 비행에 관심이 많았습니다. 그래서 바람을 타고 날 수 있는 새 날개 모양의 글라이더를 만들었지요. 오르니톱터와 달리 글라이더는 날개가 고정되어 움직이지 않았습니다. 따라서 글라이더로 하늘을 날려면 높은 언덕에서 뛰어내려야 했지요. 1891년, 릴리엔탈은 최초로 하늘을 나는 데 성공했습니다. 그 후 그는 2,000번 이상 비행에 성공했지만, 마지막 비행 도중 강풍을 만나 추락하고 말았답니다.

오토 릴리엔탈
1848~1896

최초의 비행3

처음 동력 비행기를 만든 라이트형제

릴리엔탈의 글라이더 비행에 감명받은 라이트형제는 글라이더 비행이 새의 비행과 다른 점을 생각해 보았습니다. 그 결과, 새처럼 날기 위해서는 방향을 바꾸고 균형을 잡도록 하는 조종 장치와 앞으로 나아가게 할 수 있는 엔진 및 프로펠러가 필요하다는 사실을 알게 되었습니다. 1903년 제작된 플라이어 1호는 그해 12월 17일, 12초의 짧은 첫 비행에 성공했습니다. 그 후 1905년 제작된 플라이어 3호는 38분 3초나 비행하는 역사적인 기록을 세웠답니다.

윌버 라이트 1867~1912
오빌 라이트 1871~1948

커다란 비행기가 공중에 뜰까?

바람이 불면 비행기 날개 위로 지나가는 공기는 속도가 빨라져 날개 아래보다 압력이 낮아집니다. 그러면 압력이 높은 아래쪽에서 압력이 낮은 위쪽으로 들어 올리는 힘이 생긴답니다. 이것을 비행기가 뜨는 힘, '양력'이라고 합니다.

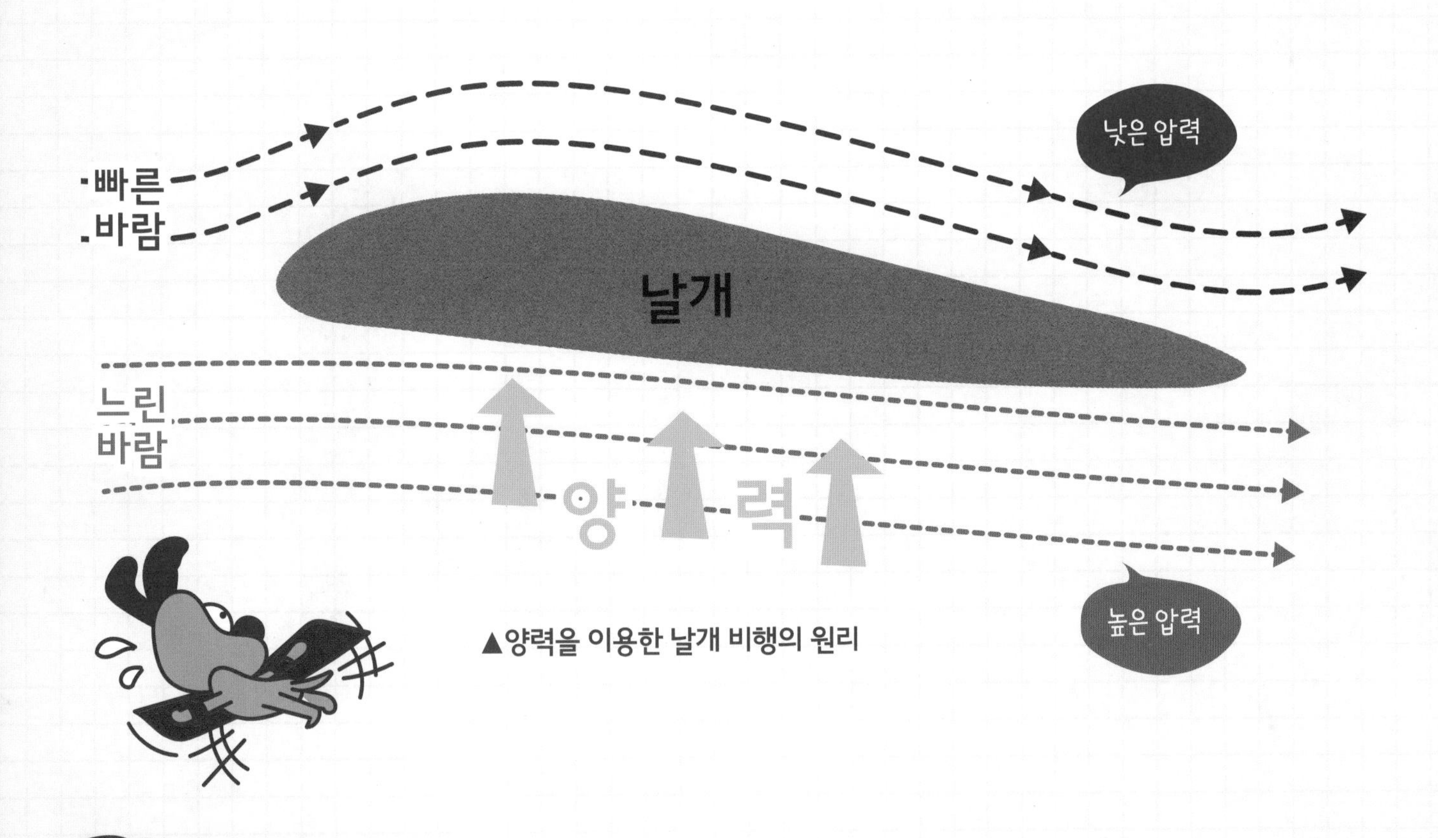

▲양력을 이용한 날개 비행의 원리

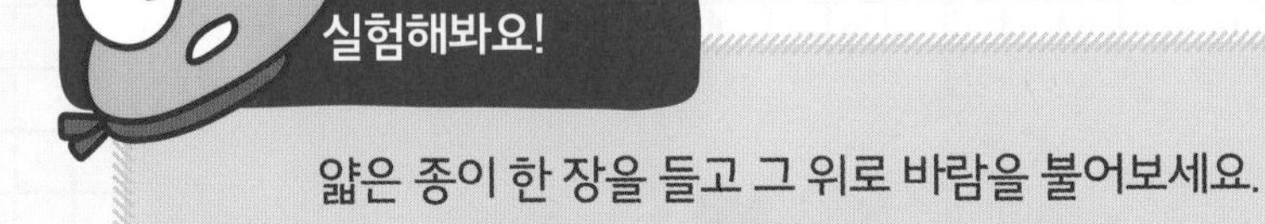

얇은 종이 한 장을 들고 그 위로 바람을 불어보세요.
종이는 떠올랐나요? 아니면 가라앉았나요?

비행기로 우주에 갈 수 있을까?

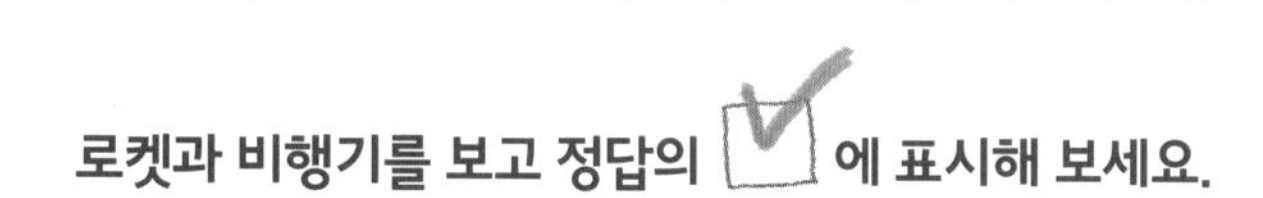

로켓과 비행기를 보고 정답의 ☑에 표시해 보세요.

1 비행기는 날개가 (있지만☐/ 없지만☐)
로켓은 날개가 (있다☐/없다☐)

2 비행기는 바퀴가 (있지만☐/없지만☐)
로켓은 바퀴가 (있다☐/없다☐)

3 비행기는 대체로 (*수직 이륙☐/수평 이륙☐)이지만
로켓은 (수직 이륙☐/수평 이륙☐)한다.
*수직 이륙⇧ 수평 이륙⇨

! 비행기는 날개와 공기 사이의 저항으로 생기는 양력으로 날기 때문에 공기가 없는 우주에서는 비행이 불가능합니다.

최초의 비행4

처음 인공위성을 쏘아 올린 우주 로켓

1957년 10월 4일, 스푸트니크 1호를 태운 로켓 스푸트니크 8K71PS가 소련에서 발사되었습니다. 스푸트니크는 러시아어로 '여행하는 동반자'라는 의미를 가지고 있지요. 스푸트니크 8K71PS는 무사히 지구 대기권을 벗어나 지구 궤도에 스푸트니크 1호를 올리는 데 성공했습니다.

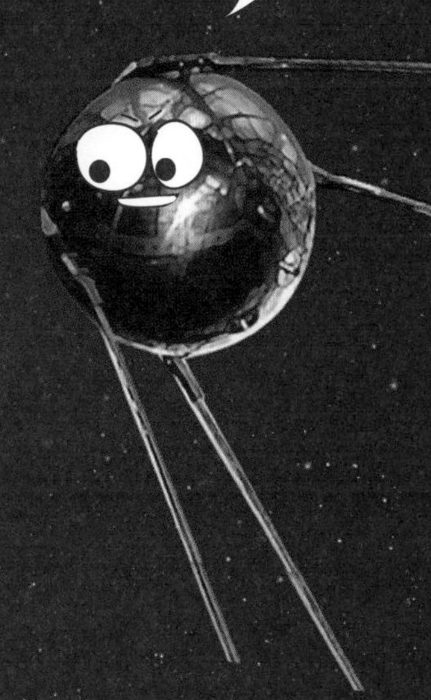
안녕, 지구인들!
나는 최초의 인공위성
스푸트니크 1호입니다!

와! 러시아에서
최초의 우주 로켓을
만들었구나.

◂최초의 우주 로켓

스푸트니크 8K71PS

우주 개발의 역사

최초의
로켓 이론
완성

치올콥스키(1857~ 1935)

1

- 우주여행과 로켓 추진 이론을 만들어 냄
- 최초의 인공위성 스푸트니크 1호는 치올콥스키 탄생 100주년을 기념해 1957년에 발사됨

최초의
인공위성

스푸트니크

3

- 1957년 10월 4일에 발사
- 스푸트니크의 의미는 "여행하는 동반자"라는 뜻이 있음
- 무게는 83kg으로 96분에 한 번씩 지구 주위를 돎

2

근대 로켓의
아버지

고다드
(1882~ 1945)

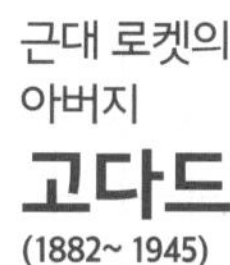

- 1926년 세계 최초로 액체 연료를 사용하는 로켓을 쏘아 올림
- 살아있는 동안 인정받지 못했던 업적은 다시 평가되어 '로켓의 아버지'로 불림

4

최초로
우주에 간 생명체

라이카

- 원래 이름은 쿠드랴프카지만, 과학자들에 의해 라이카로 이름 붙여져 항공의학연구소에서 훈련 받음
- 스푸트니크 2호에 태워져 1957년 11월 3일 발사됨
- 돌아오는 장치가 없었음

최초의 우주 비행사

유리 가가린(1934~1968)

- 소련의 우주비행사이자 군인, 1961년 4월 12일 보스토크 1호에 탑승하여 1시간 48분 동안 지구를 돌아, 인류 최초의 우주비행에 성공
- 1968년 3월 27일 우주비행 훈련 중 추락

재사용이 가능한

우주 왕복선

- 1981년 부터 2011년 까지 사용
- 인공위성이나 우주정거장 부품 및 수리를 위한 부품을 배달

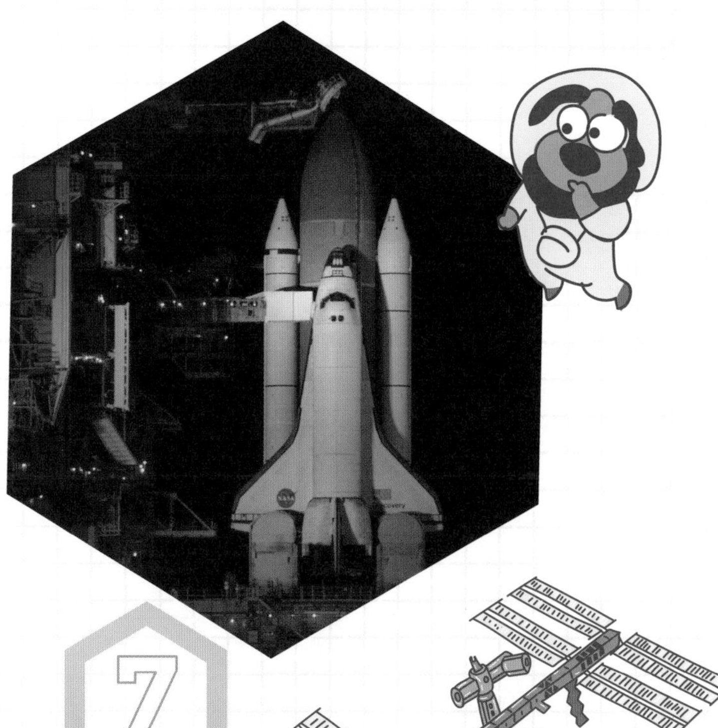

5

7

6

최초로 달에 착륙한 유인 우주선

아폴로 11호

- 1969년 7월 20일 인류 최초로 달에 착륙
- '닐 암스트롱', '마이클 콜린스', '버즈 올드린'이 탑승

8

우주 공간에 오랫동안 머물 수 있는

국제우주정거장(ISS)

- 1998년 11월 최초의 모듈 자리야를 시작으로 점차 모듈이 추가 되면서 축구경기장만큼 커다래짐
- 미국, 러시아, 프랑스, 독일, 일본, 이탈리아, 영국, 벨기에, 덴마크, 스웨덴, 스페인, 노르웨이, 네델란드, 스위스, 캐나다, 브라질이 제작에 참여

"한 인간에게는 작은 발걸음이지만 인류에게는 위대한 도약이다."

거대한 로켓은 지구를 박차고 오르는 것일까?

선생님의 말씀에 따라 옆자리의 짝과 마주 보고
서로 손바닥을 밀어보세요.

연료를 태워 가스를 빠른 속도로
밑으로 뿜어내면 **작용**
가스가 나오는 반대 방향으로
반작용이 일어나 로켓이
우주로 나갈 수 있답니다.

? 문제

① 처음 하늘을 2,000번이나 비행한 사람은 누구일까요? (　　　　　　　　　　　)

② 동력비행기를 처음 만든 형제는 누구일까요? (　　　　　　　　　　　)

③ 비행기와 로켓 중 우주로 날아갈 수 있는 것은 무엇일까요? (　　　　　　　　　　　)

④ 로켓이 날아오르는 원리는 무엇일까요? (　　　　　　　　　　　)

⑤ 처음 지구 궤도에 올라간 인공위성의 이름은 무엇일까요? (　　　　　　　　　　　)

chapter 03

우주인의 생활

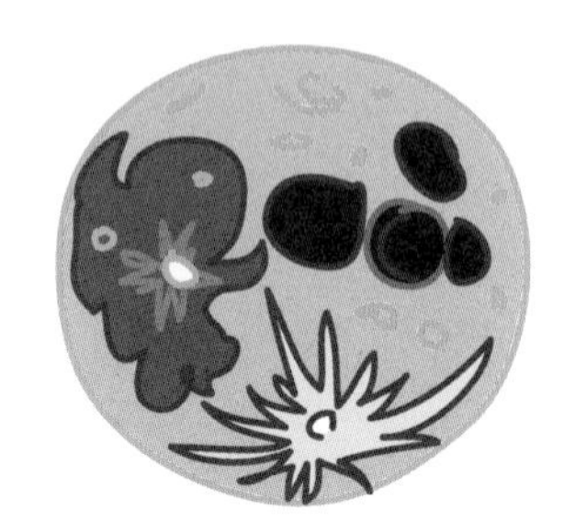

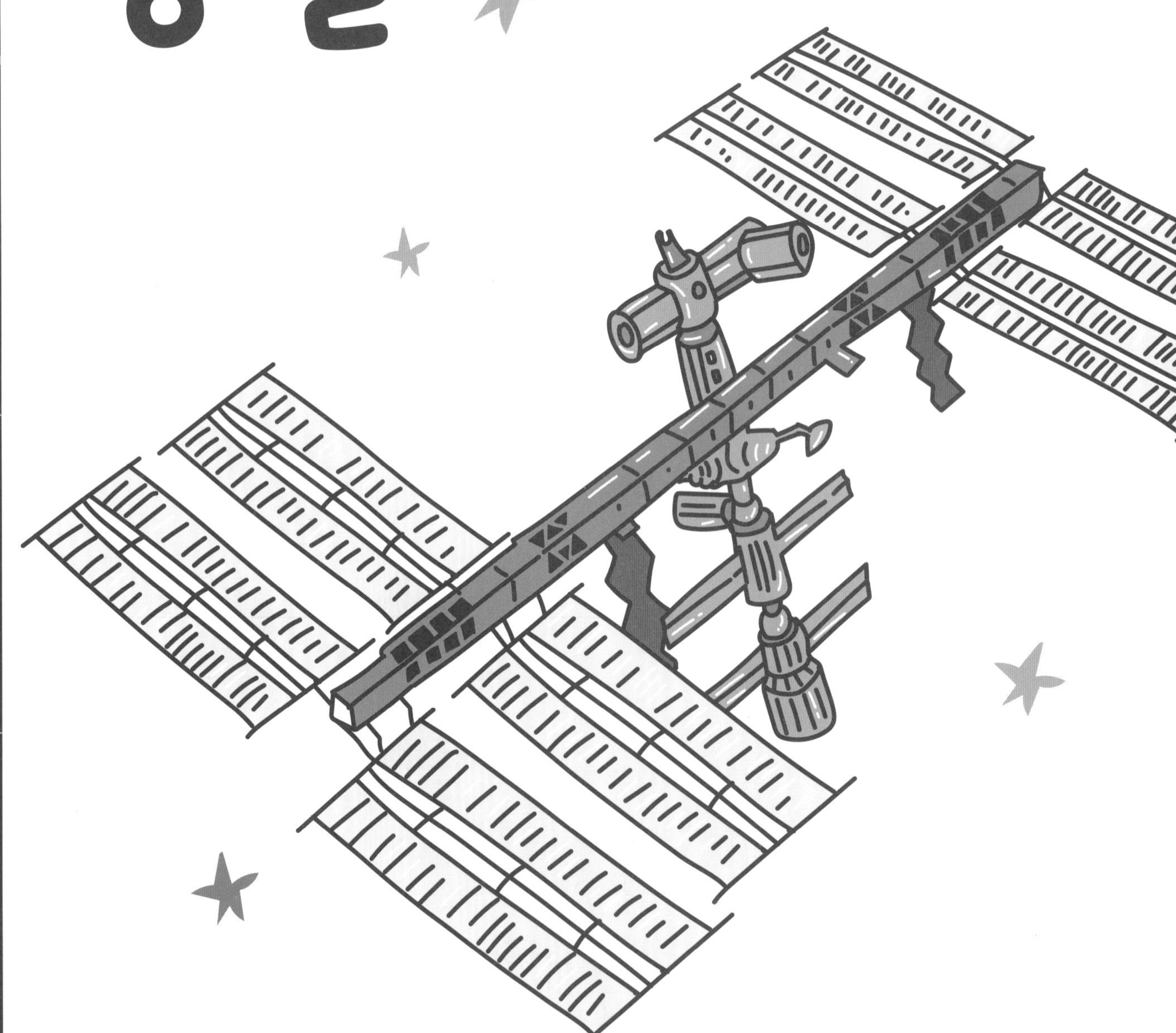

03

- 지구와 우주
- 우주인이 되기 위한 훈련
- 우주인의 집
- 우주인의 생활
- 특급 우주인 체험

별꿈아,
왜 울고 있어?
히잉~
벌써 몇 번째야!
장난감을 떨어뜨려서
비행기 날개가 망가졌어.
저런...
물건이 떨어지지 않으면
망가질 일도 없을 텐데.
우주에서 살면
물건이 떨어지지 않아.
정말? 그럼 나
우주에 갈래.
외계인이면서
그것도 몰랐냐.

우주에서 숨을 쉴 수 있을까요?

우주는 지구와 달리 우리 몸을 당기는 중력도 없고, 숨을 쉴 수 있게 하는 공기도 없습니다. 중력이 없는 것을 **무중력**, 공기가 없는 것을 **진공**이라고 말해요.

그렇다면 무중력 공간에서 숨을 쉴 수 있을까요?
주변에 공기가 있다면, 무중력 공간에서
둥둥 떠다닌다고 해도 숨을 쉴 수 있습니다.
반대로 공기가 없다면 중력이 있는
지구 위라고 해도 숨을 쉴 수 없지요.

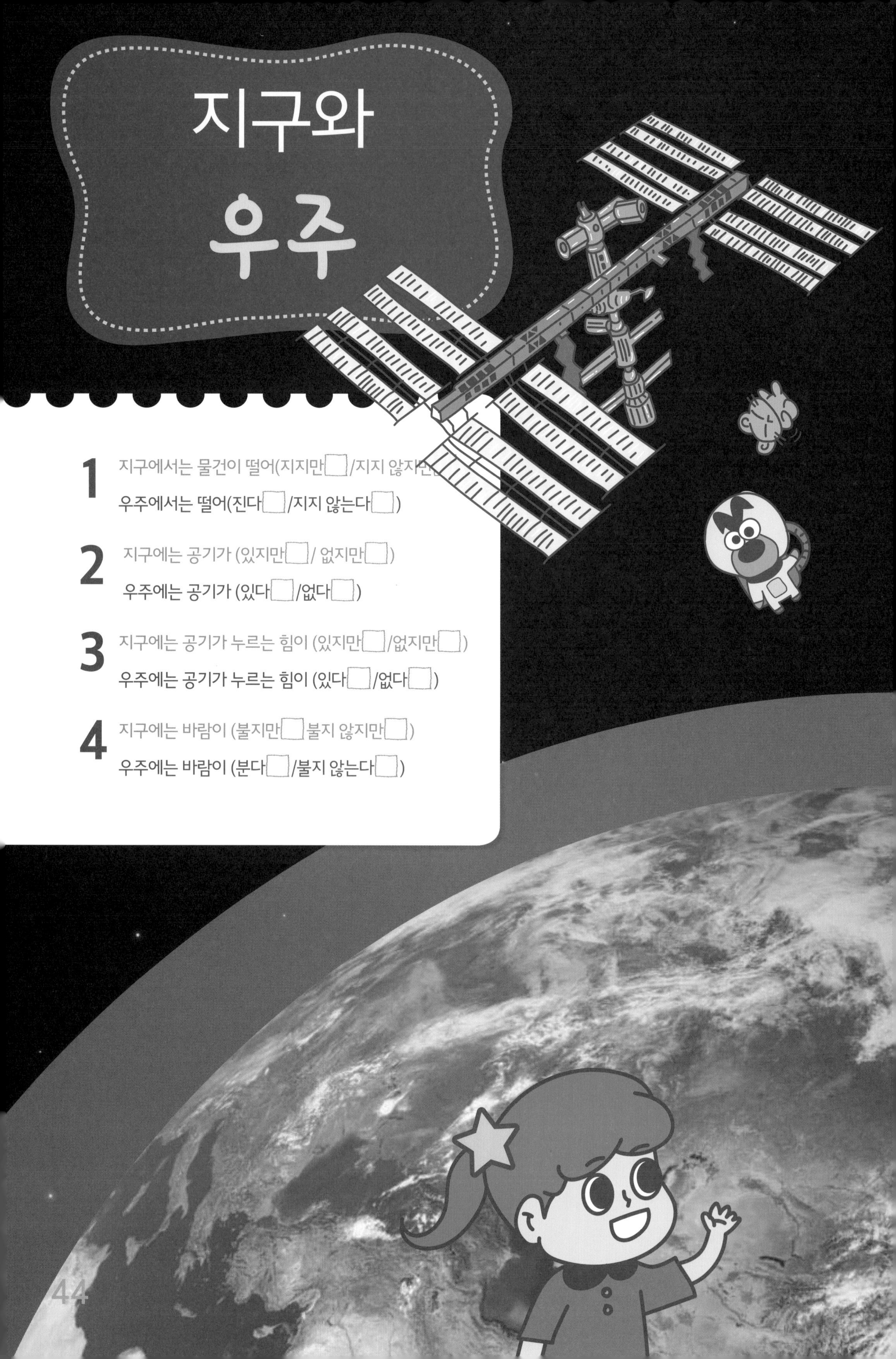

지구와 우주

1 지구에서는 물건이 떨어(지지만☐/지지 않지만☐)
우주에서는 떨어(진다☐/지지 않는다☐)

2 지구에는 공기가 (있지만☐/ 없지만☐)
우주에는 공기가 (있다☐/없다☐)

3 지구에는 공기가 누르는 힘이 (있지만☐/없지만☐)
우주에는 공기가 누르는 힘이 (있다☐/없다☐)

4 지구에는 바람이 (불지만☐불지 않지만☐)
우주에는 바람이 (분다☐/불지 않는다☐)

우주는 지구와 여러모로 다릅니다. 따라서 우주에서 생활하려면 지구와 우주가 어떻게 다른지 알고, 그에 대해 철저히 준비해야 하지요. 지구와 우주의 다른 점을 잘 생각해보고, 아래 문장들이 완성되도록 맞는 곳에 표시해 보세요.

5 지구는 (춥지만☐/덥지만☐/적당하지만☐)
우주는 너무 (덥다☐/춥다☐/춥고, 덥다☐)

6 지구에는 자외선이 (많지만☐/적지만☐)
우주에는 자외선이 (많다☐/적다☐)

우주인이 되기 위한 훈련

빨리 우주에 가서 놀고 싶어!

훈련부터 해야지!

1 무중력 훈련

중력이 없는 우주에서는 몸이 둥둥 떠다닙니다. 방향을 바꾸기도 어렵고, 위아래도 헷갈리지요. 우주의 무중력에 익숙해지려면 반드시 무중력 훈련을 해야 합니다.

즐거운 무중력 훈련

2 중력 가속도 훈련

지구에서 우주로 향하는 로켓은 속도가 매우 빠릅니다. 그래서 로켓 안의 우주인은 중력보다 몇 배 강한 힘에 눌립니다. 이 힘은 회전하는 물체에서 느낄 수 있는 '원심력'과 비슷합니다. 그래서 우주인은 빠르게 회전하는 장치에 들어가 이 힘에 적응하는 훈련을 받는답니다.

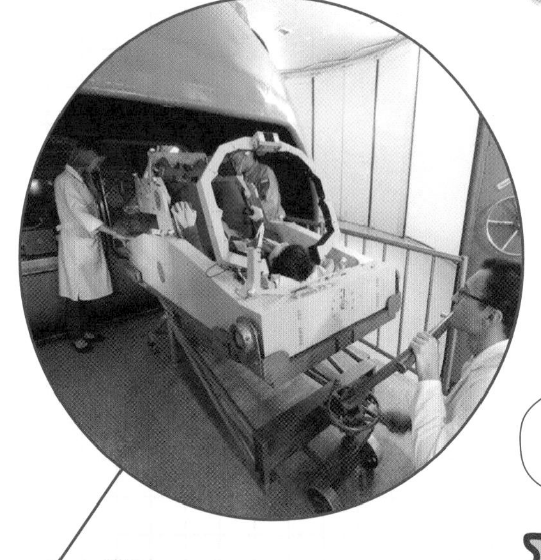

별꿈이 살려~!
아앗! 찌그러진다!

세계 최대 원심력 장치

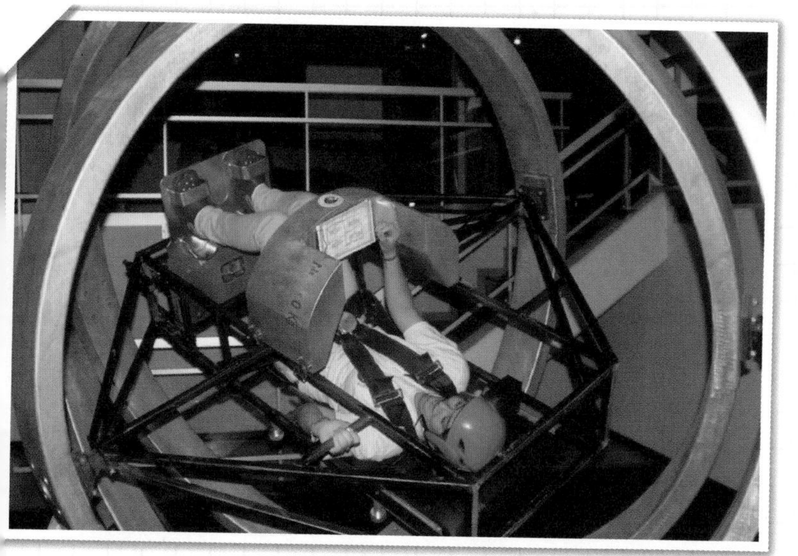

3방향 회전 운동 기구

3 3방향 회전 훈련

우주인이 우주선에서 멀미하면 어떻게 될까요? 멀미하는 우주인도 괴롭고, 토사물이 떠다니다가 우주선을 고장 낼 수도 있겠지요. 따라서 우주인은 3방향 회전 훈련으로 우주에서 멀미하지 않도록 연습합니다.

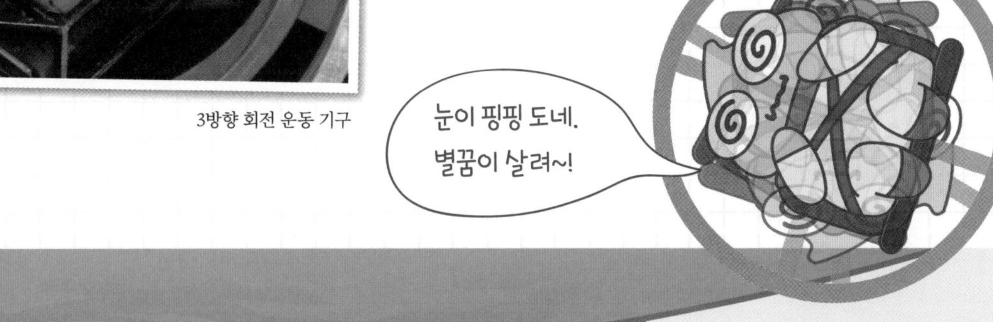

4 물속 유영 훈련

지상에서 우주 공간과 가장 비슷한 곳은 바로 물 속입니다. 우주로 가기 전, 우주인들은 우주정거장이나 그 밖의 우주선과 똑같은 모형이 들어있는 대형 수영장에서 걷기 훈련, 우주선 문 여닫기, 우주선 수리와 같은 우주 임무를 연습합니다.

별꿈아, 이건 이렇게 고치면 될 것 같아.

우주인의 길은 멀고도 험하구나.

우주선 수리를 연습하는 우주인

우주인의 집

우리가 지구 위에 집을 짓고 살듯, 우주에도 우주인을 위한 집이 있습니다. 바로 국제우주정거장(ISS, International Space Station)이지요.

우주에선 물방울이 이렇게 둥둥 떠있단다!

국제우주정거장

- **가로** 73m
- **세로** 108m
- **높이** 27m
- **무게** 약 400,000kg
- **고도** 지표면에서 350km 정도 떨어져 있음
- **속도** 하루에 지구를 16번 정도 돌 수 있을 정도로 빠름 (1초에 약 7km 움직임)

우주정거장은 무중력 상태!

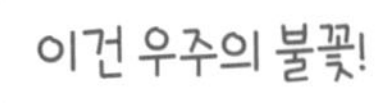

우주는 지구와 환경이 다르기 때문에, 국제우주정거장에는 우주인의 생명을 보호해주는 여러 장치가 필요합니다. 우주인의 집에 꼭 필요한 장치에는 어떤 것이 있을까요? 아래 보기 중 정답을 골라 적어보세요.

숨을 쉴 때 필요한________ 공급장치	공기가 누르는 것 처럼 몸을 적당히 압박해 주는 ________ 유지장치	우주는 너무 춥거나 너무 더워서 필요한 ________ 조절장치	여러가지 전자기기를 켜야 하기 때문에 필요한________ 발생장치	햇빛이 너무 강렬해 우주선 유리창에 필요한________ 차단장치

온도　　자외선　　산소　　압력　　전기

우주인의 생활

우주인의 생활!
궁금하다!

우주인의 임무

우주인의 임무는 우주 과학 실험과 국제우주정거장 관리입니다. 무중력에서 사람의 몸이 어떻게 변하는지 관찰하기도 한답니다.

과학 실험 중인 우주인

우주에서 피운 꽃

우주인의 식사

중력이 없는 우주에서 밥 먹는 것이 가능할까요? 음식이 배 속에 둥둥 떠 있지 않을까요? 다행히 중력이 없어도 밥을 먹고 소화하는 것에는 아무 문제가 없답니다.

재미있는 우주 식사

우주인의 운동

중력이 없는 우주에서는 팔다리의 근육에 힘이 없어지고, 뼈의 칼슘도 빠져나가 몸이 허약해집니다. 그래서 우주인은 건강을 위해 하루에 1시간 이상 꼭 운동을 해야 합니다.

우주인의 잠자기

우주에서 몸을 고정하지 않고 자면 여기저기 부딪혀 다칠 수 있습니다. 벽이나 바닥, 혹은 천장에 몸을 고정하고 자야 안전하답니다.

칼슘을 따로 먹어도 잘 흡수되지 않아.
무중력 공간에서는 무거운 아령도 둥둥 떠다녀서 운동이 되지 않아.
난 아령을 가져가서 근육을 키워야지!!
22P
O24-22P
OVHD
STS-120 ISS 10A

몸을 고정하고 러닝머신에서 운동하는 우주인

우주인의 잠자기

특급 우주인 체험

우주인이 되어 국제우주정거장으로 떠날 시간이에요. 로켓과 임무를 결정하고, 어떤 물건을 가져갈지 골라보세요.

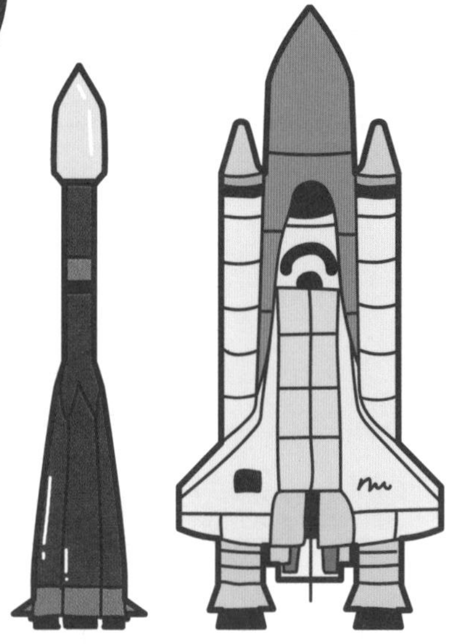

사진을 붙이거나 얼굴을 그려서 신분증을 완성해 보세요.

제일 빠른 거 탈거야!
타고 싶은 로켓을 골라!

나의 임무를 골라요.

우주에서 감자를 키워보고 싶어!
난 지구를 관찰할거야!
난 우주 망원경을 수리할거야!

무엇을 가지고
갈까?

꼭 가져가야 할 물품을 골라요.

카메라 ☐

모종삽 ☐

별자리 지도 ☐

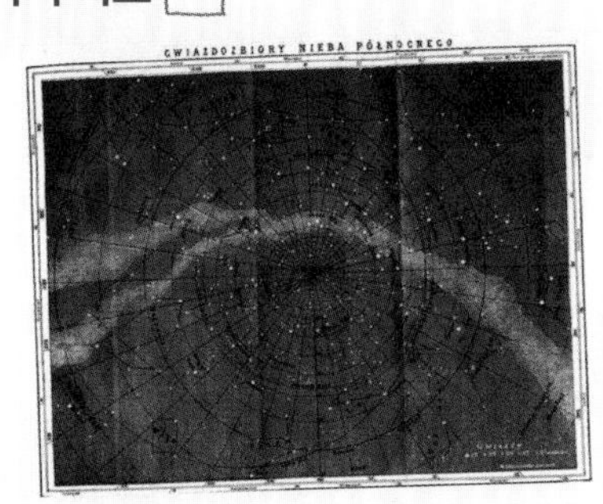

시계 ☐

일기장 ☐

공구세트 ☐

쉬는 시간에 가지고 놀 것을 챙겨요.

게임기 ☐

인형 ☐

악기 ☐

뭘 고를까?

재미있는 우주인 이야기

우주선에서 똥, 오줌은 어떻게?

우주에서 제대로 된 화장실이 갖춰진 곳은 우주왕복선이나 우주정거장 정도입니다. 과거 달로 가는 아폴로 우주선에는 화장실이 따로 없었습니다. 그래서 우주인들은 기저귀와 수거장치(비닐 주머니)를 이용해야 했지요. 만약 기저귀와 수거장치의 입구를 잘 막지 않으면 아폴로 10호처럼 똥이 떠다니기도 한답니다.

음식은 어떻게 먹었을까?

우주인들은 우주인용 건조식품에 뜨거운 물을 부어 먹습니다. 출발 전에 음식 속에 든 수분을 모두 없애야 음식을 오래 보관할 수 있고, 무게도 줄일 수 있기 때문이죠.

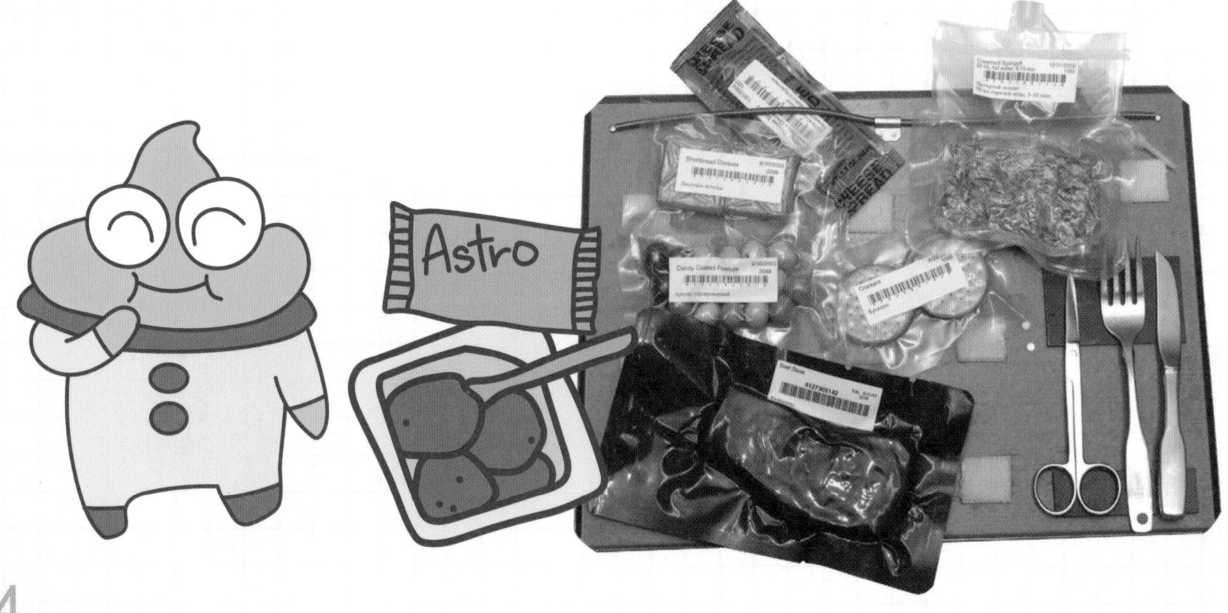

퀴즈 한 장으로 정리해볼까?

? 문제

1. 중력이 없어 몸이 둥둥 뜨는 상태를 뭐라고 할까요? (   )
2. 공기가 없는 상태를 뭐라고 할까요? (   )
3. 우주인들이 사는 우주인의 집을 뭐라고 부를까요? (   )
4. 지상에서 우주 공간과 가장 비슷한 곳은 어디일까요? (   )
5. 우주인은 건강을 위해 반드시 하루에 한 시간씩 무엇을 할까요? (   )

chapter 04

봄철 별자리와 별의 밝기

04

- 별의 밝기
- 봄철 별자리
- 별자리 이야기 처녀자리
- 봄철 밤하늘 스케치
- 가장 밝은 별

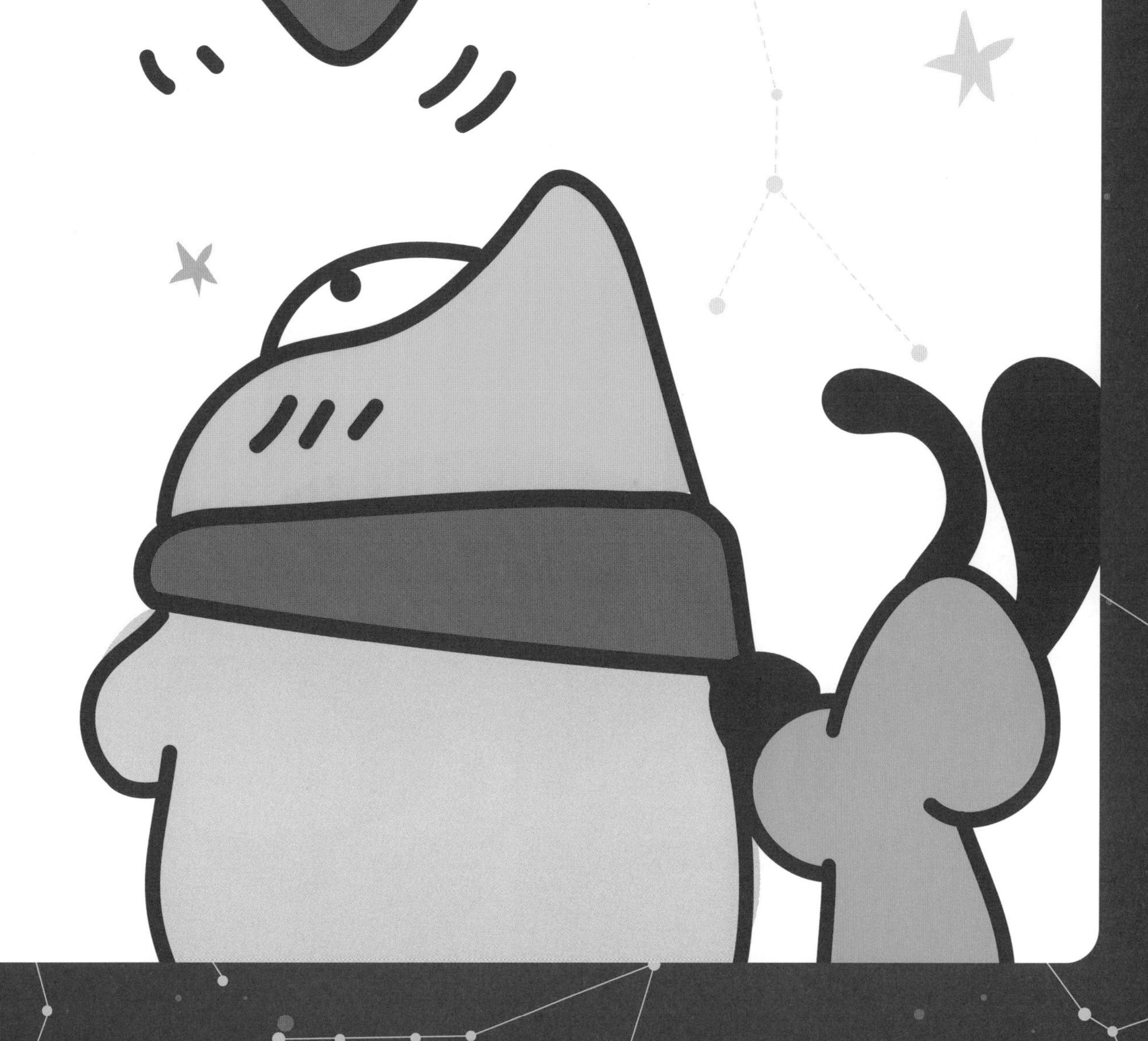

저 별은
이름이 뭘까?
어떤 별?
저기 저
밝은 별!
대체 무슨
별을 말하는 거야!
벌떡
저기 제일
잘 보이는 별 안 보여?
왜 저 별만 잘 보이는 거지?
그렇군!
엄청 잘 보이네!

사자의 모양을 한 9개의 별을 찾아보세요. 다른 별들보다 크고 밝게 보일거예요. 9개의 별 중에서도 사자의 심장에 해당하는 별 '레굴루스'는 가장 밝게 보여요. 어떤 별이 레굴루스인지 찾아보세요.

사자자리에는 사자자리 모양을 이루는 별 외에도 무수히 많은 별이 있습니다. 왜 어떤 별은 잘 보이는데, 어떤 별은 잘 보이지 않을까요?

봄철 별자리

곰은 내가 지킨다!

목동자리

사실 내 꼬리는~

큰곰자리

작다고 무시하면 안 돼.

사냥개자리

휴~ 이제야 지상으로 돌아왔네.

처녀자리

헤라클레스와 결투를 벌였지!!!

사자자리

내 다리 내놔~

게자리

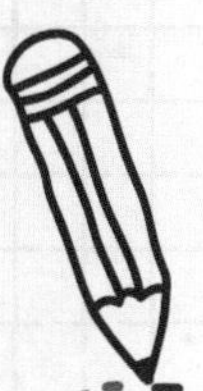

봄철 별자리를 그려보자.

왼쪽 별자리 사진을 보면서 별자리선을 완성해 보세요. ◉ 표시된 밝은 별을 이어보면 어떤 모양일까요?

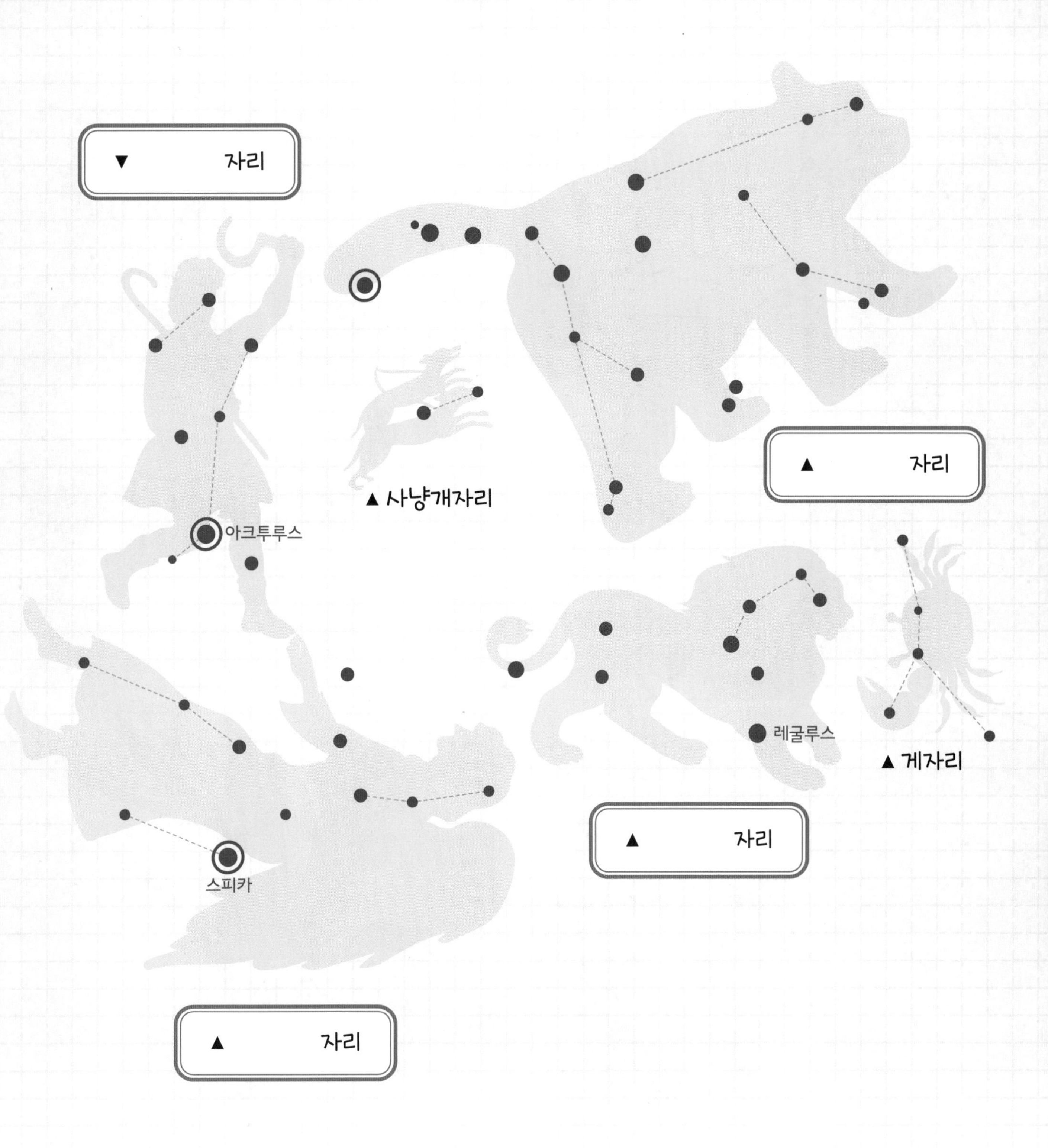

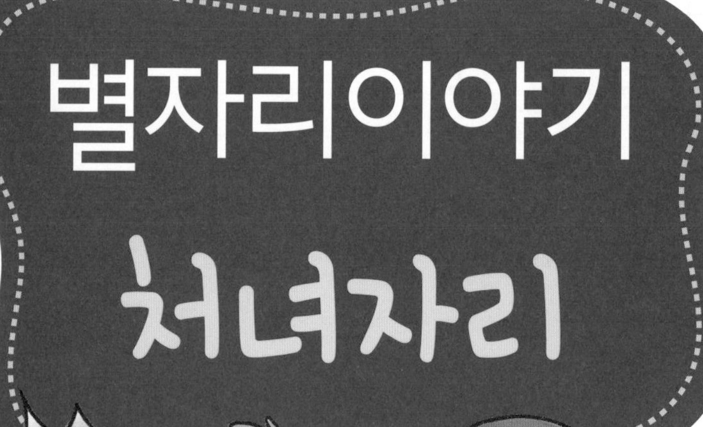

처녀자리의 주인공은
대지의 여신 데메테르의 딸,
페르세포네입니다.

지하의 신 하데스는
대지의 여신
데메테르의 딸인
페르세포네를 보고
한 눈에 반해 지하로
끌고 갔습니다.

딸을 잃은 데메테르가 슬픔에
잠기자 비옥하던 땅이 황무지가
되었고, 곡식이 메말라 사람들이
굶어 죽어갔습니다.

이를 보다 못한 제우스는
페르세포네를 데메테르와
지상에서 살게 하려 했습니다.

하지만 하데스는 한 발
앞서 페르세포네가 지상에서 살 수
없도록 지하의 열매를 먹여 버렸습니다.

어쩔 수 없이 페르세포네는 1년의 절반을 지상에서
살고, 나머지 절반은 지하에서 살게 되었습니다.
그 후로 페르세포네가 지상에 있는 동안은 봄과 여름이
되고, 지하에 있는 동안은 가을과 겨울이 되었답니다.

봄철 밤하늘 스케치

봄철 밤하늘에는 어떤
천체들이 숨어있을까요?

코르카롤리

쌍성 코르카롤리는
사냥개자리에서 가장 밝은
별입니다. 코르카롤리는
영국의 왕 찰스 2세를
기념하기 위해 지어진
이름으로 '찰스의 심장'이라는
뜻을 가지고 있습니다.

사냥개자리 구상성단 (M3)

지구로부터 33,000광년
떨어져 있는 사냥개자리
구상성단에는 약
500,000개의 나이가 많은
별이 모여있습니다.

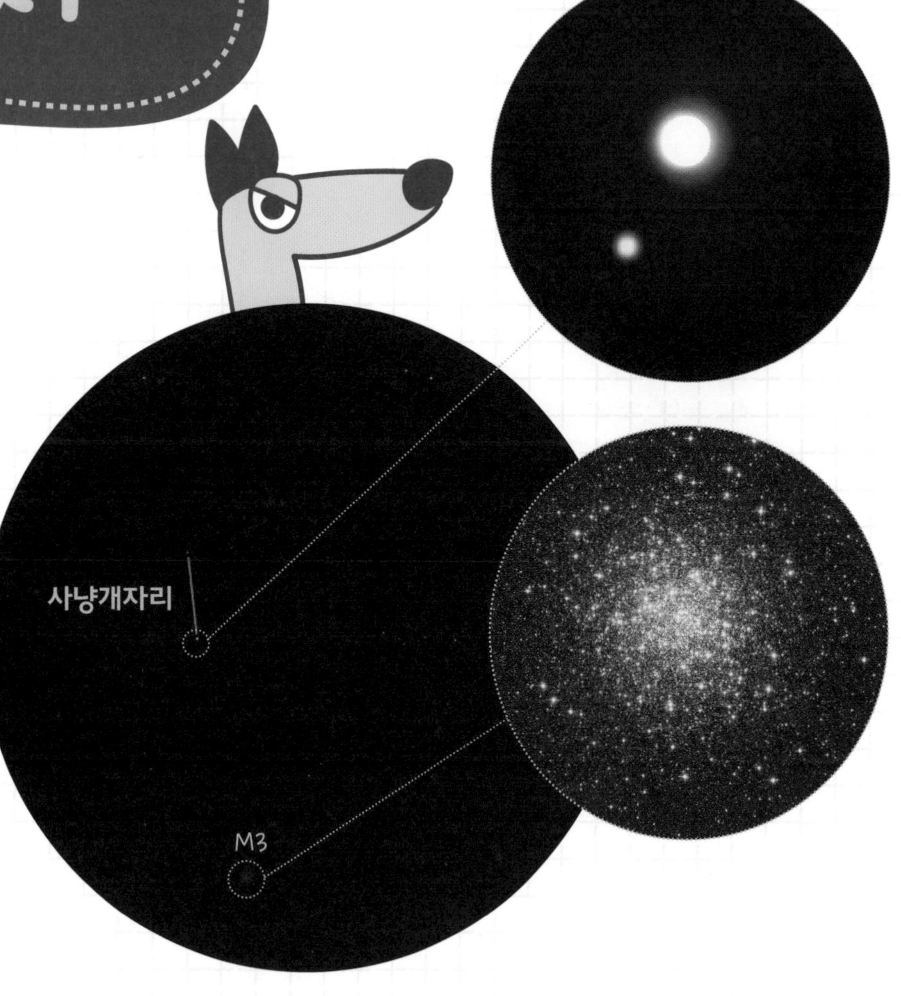

벌집성단 (M44)

게자리 중심 부분을 맨눈으로 보면
뿌연 연기처럼 보이는 산개성단이
있습니다. 어린 별이 많이 모여
있는 이 산개성단의 이름은
벌집성단입니다. 이곳에 있는
별들은 지구로부터 약 570광년
정도 떨어져 있습니다.

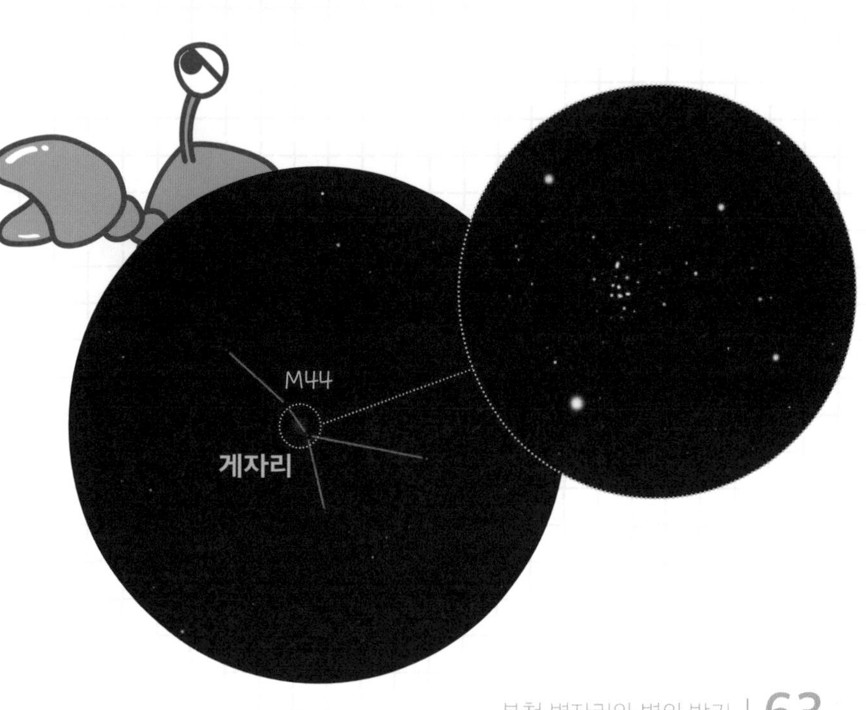

별의 밝기를 나타낼까?

그리스의 천문학자 히파르코스는 기원전 150년경, 1,000여 개의 별을 조사했습니다. 눈에 아주 잘 보이는 밝은 별을 1등성으로 정하고, 맨눈으로 가까스로 보이는 아주 희미한 별을 6등성으로 정했답니다. 별의 밝기를 6단계로 나누었던 거죠.

별의 밝기를 1등성부터 6등성까지 나눠보자!
6등성은 맨눈으로 겨우 보일 정도야.

히파르코스
B.C. 190~B.C. 120

히파르코스가 정한 기준을 사용해서 별이나 그 밖의 천체가 몇 등성인지 말하면, 그 천체가 잘 보이는지 아닌지 알 수 있답니다. 1, 2, 3등성은 밝게 잘 보이고, 4, 5, 6등성은 어두워서 잘 보이지 않습니다. 별자리 그림에서는 밝은 별을 크게 그리고 어두운 별을 작게 표시해서 별의 밝기를 나타낸답니다.

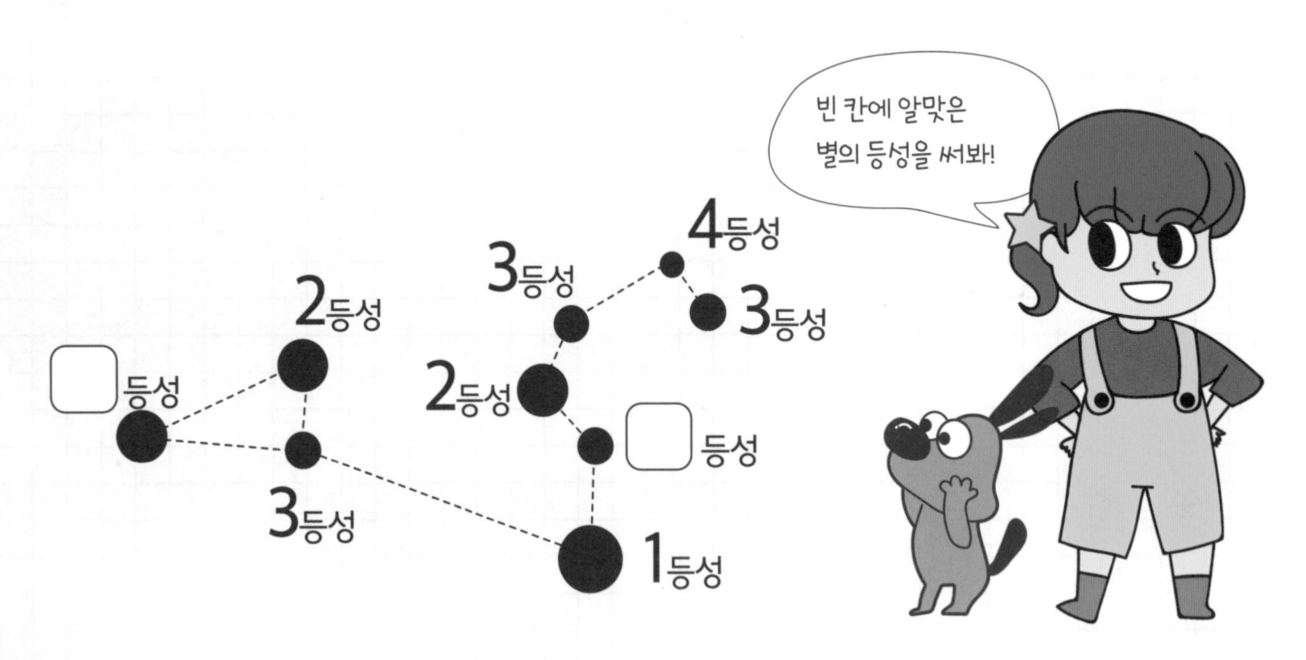

가장 밝은 별

밤하늘에서 가장 밝은 별은 큰개자리의 '시리우스'입니다. 시리우스 다음으로 밝은 별은 바로 용골자리에 있는 '카노푸스'입니다. 카노푸스는 남쪽 지평선 근처에 있는 별이라서, 안타깝게도 우리나라 대부분 지역에서는 잘 볼 수 없습니다. 하지만 제주도에 가면 남쪽하늘 지평선 근처에서 빛나는 카노푸스를 볼 수 있답니다.

시리우스와 카노푸스

별의 이름은 어떻게 지어주나요?

우리에게 이름이 있듯이 하늘의 수많은 별도 자신의 이름을 가지고 있답니다. 셀 수 없이 많은 별에 어떻게 이름을 지어줄 수 있을까요?

밝게 잘 보이는 별에 특별한 의미를 붙여주는 방법

큰개자리의 시리우스▶개의 별

전갈자리의 안타레스▶화성과 싸우는 별

사자자리의 레굴루스▶작은 왕

별자리 이름을 앞에 붙이고 뒤에 그 별이 별자리에서 몇 번째로 밝은지 표시하는 방법

페가수스자리에서 가장 밝은 별▶페가수스자리 알파 α 별

페가수스자리에서 두 번째로 밝은 별▶페가수스자리 베타 β 별

별, 너의 이름은?

알파, 베타, 감마는 영어 a, b, c에 해당하는 그리스 문자인데, 그리스 문자를 다 쓰고 나면 숫자 번호를 붙입니다. 이 방법으로 이름을 붙이면 레굴루스는 사자자리 알파, 시리우스는 큰개자리 알파, 안타레스는 전갈자리 알파가 된답니다.

α	β	γ	δ	ϵ	ζ	η	θ	· · ·	ω
알파	베타	감마	델타	엡실론	제타	에타	세타		오메가

라이카는 코가 제일 크고 반짝이니까 라이카 코의 이름은 라이카 알파! 오른쪽 눈은 라이카 베타, 왼쪽 눈은 라이카 감마!

한 장으로 정리해볼까?

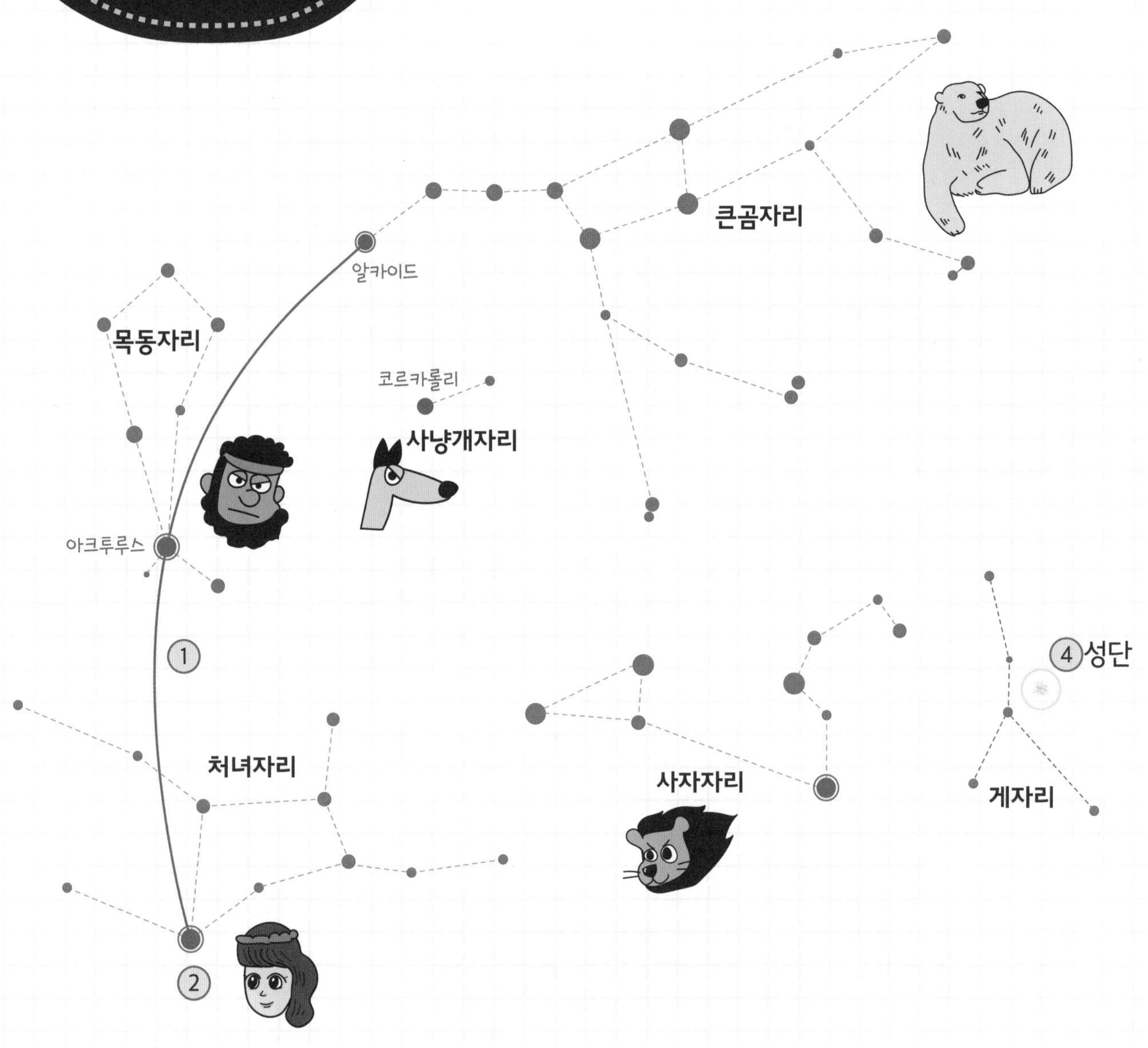

? 문제

1. 봄철의 별자리를 찾는 기준이 되는 곡선의 이름은 무엇일까요? (　　　　　　　　　　　　)
2. 처녀자리에서 가장 밝은 별의 이름은 무엇일까요? (　　　　　　　　　　　　)
3. 히파르코스는 무엇을 기준으로 별에 등수를 매겼나요? (　　　　　　　　　　　　)
4. 게자리에 있는 성단의 이름은 무엇일까요? (　　　　　　　　　　　　)
5. 가장 밝아서 별자리 그림에서 제일 크게 그려진 별은 몇 등성일까요? (　　　　　　　　　　　　)

chapter 05

태양

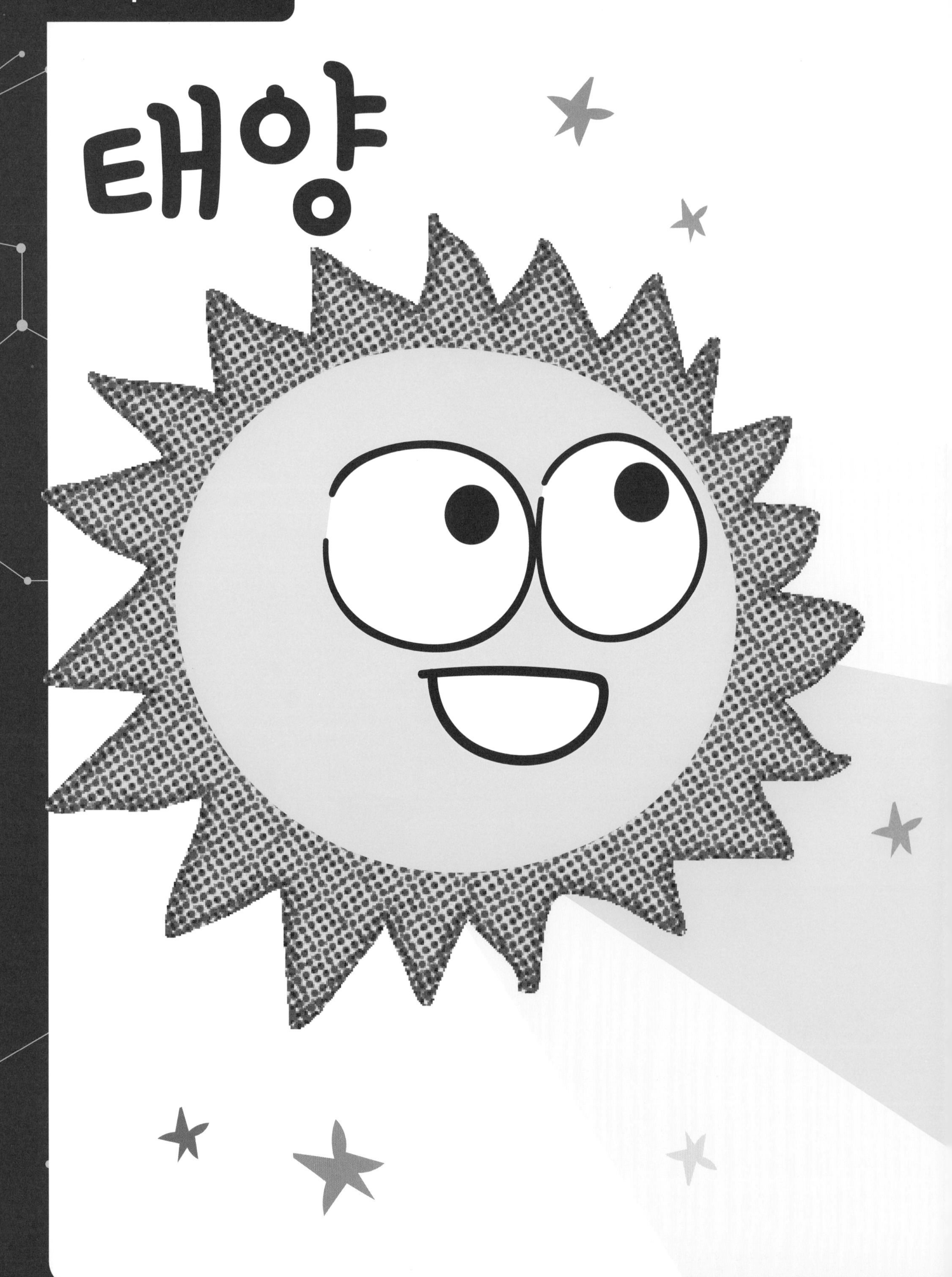

- 태양은 얼마나 클까?
- 태양은 얼마나 무거울까?
- 태양은 얼마나 멀까?
- 태양은 얼마나 뜨거울까?
- 태양에서 일어나는 여러 가지 현상
- 아름다운 오로라

쨍
쨍
덥다. 더워.
아이스크림도
전부 녹아버리네.
태양이 없으면
시원할 것 같은데.
헉!
뭐라고?
더위 먹었구만.
내가 없으면
큰일날거야.
정체를
밝혀라!

태양이 사라졌다?

태양이 사라지면 어떤 일이 일어날까요? 마음껏 상상해보세요.

태양은 얼마나 클까?

태양의 지름은 약 1,400,000km 이고,
지구의 지름은 약 12,800km 입니다.
지구를 한 줄로 세우면 태양 안에 지구가
몇 개나 들어갈까요?

10 20 30 40 50

지구를 한 줄로 늘어놓으면 태양 안에

지구가 ? ________개 들어갑니다.

60 70 80 90 100

태양이라는 바구니에 지구라는 구슬을 넣으면
약 130만 개 정도가 들어간답니다.
헥~헥~
힘들어.

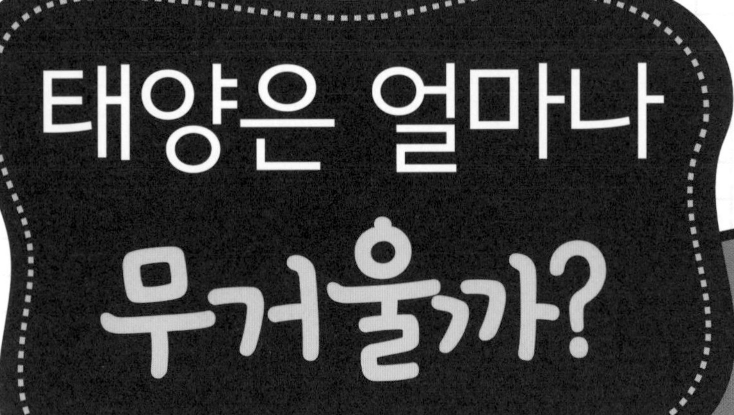

태양이 3,300,000g짜리 코끼리라면,
지구는 10g짜리 햄스터예요.
태양이 얼마나 무거운지 상상이 되나요?

3,300,000g

10g

태양과 지구가 시소놀이를 하고 있어요. 그런데 태양이 무거워서 지구가 힘을 쓰지 못하네요. 지구가 몇 개나 있어야 태양과 사이좋게 시소를 탈 수 있을까요?

① 100개 ② 330개 ③ 100,000개 ④ 330,000개 ⑤ 100,000,000개

태양의 무게는 어떻게 알 수 있나요?

태양을 저울에 올려서 무게를 재는 것은 불가능하지요.
어떻게 하면 저울 없이 태양의 무게를 알 수 있을까요?

태양은 엄청나게 무거워서 주변 행성들을 세게 잡아당깁니다.
행성은 태양에 빨려 들어가지 않기 위해 빠르게 움직이지요.
따라서 행성이 움직이는 속도를 이용하면 태양이 얼마나 무거운지 알 수 있습니다.

태양은 얼마나 멀까?

지구에서 태양까지의 거리는 약 1억 5천만 킬로미터(150,000,000km)입니다. 자동차로는 170년, 비행기로는 약 17년이나 걸리는 아주 먼 거리랍니다. 태양이 수박이라면 수박에서 30m 떨어진 곳에 참깨 하나를 둔 것이 바로 지구랍니다.

태양은 얼마나 뜨거울까?

지구까지 따뜻하게 해주는 태양의 온도는 얼마나 높을까요? 태양 중심핵의 온도는 최소 1,500만K 이상입니다. 태양 표면의 온도는 5,800K, 태양의 대기권인 코로나의 온도는 200만K입니다.

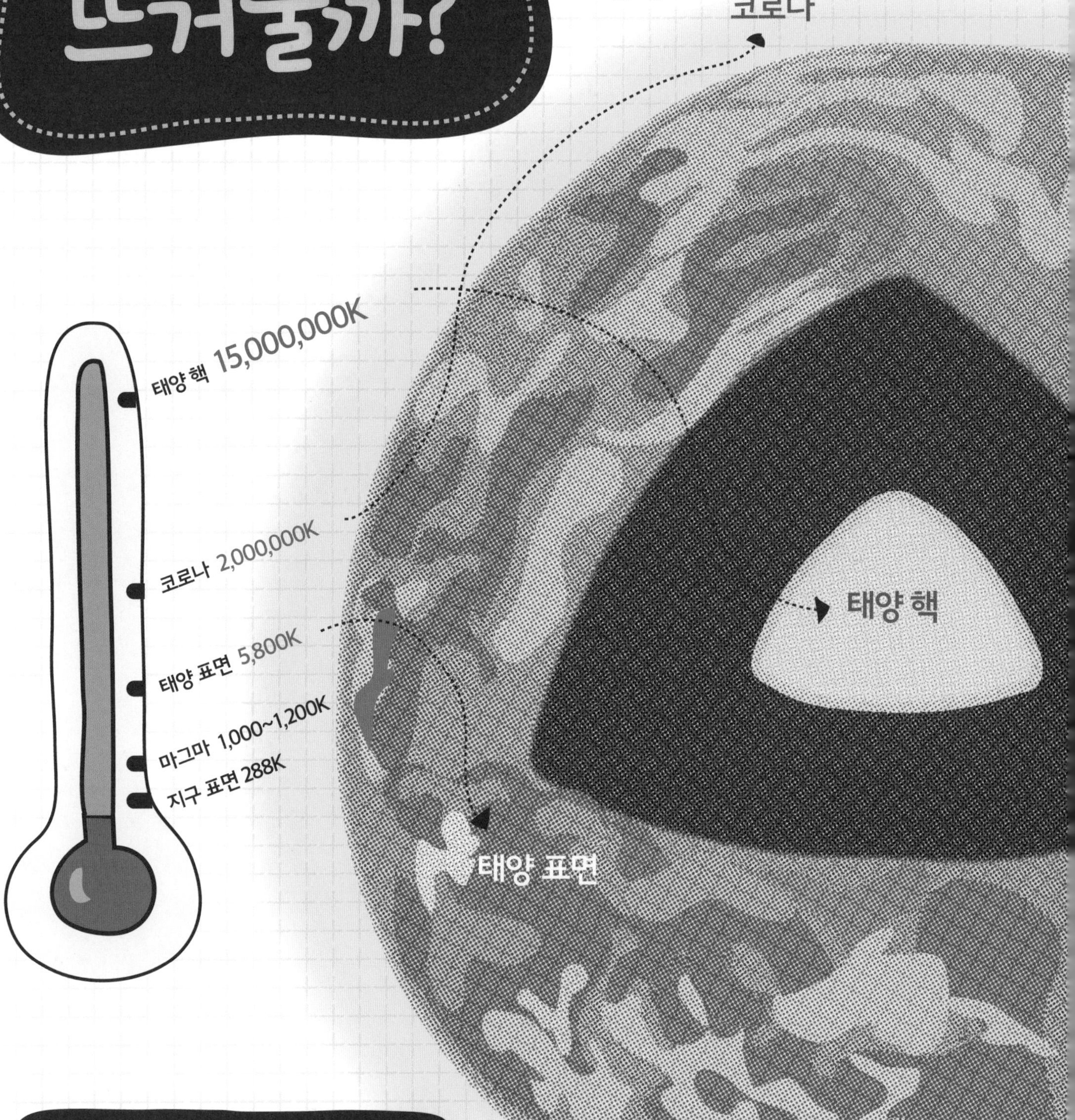

태양은 왜 뜨거울까?

태양은 핵융합 반응으로 열을 냅니다. 핵융합 반응은 수소폭탄이 터지는 원리이기도 하지요. 태양의 핵에서 만들어지는 에너지는 인간이 만든 가장 큰 수소폭탄이 1초에 18억 개씩 터지는 것과 같답니다.

태양에서 일어나는

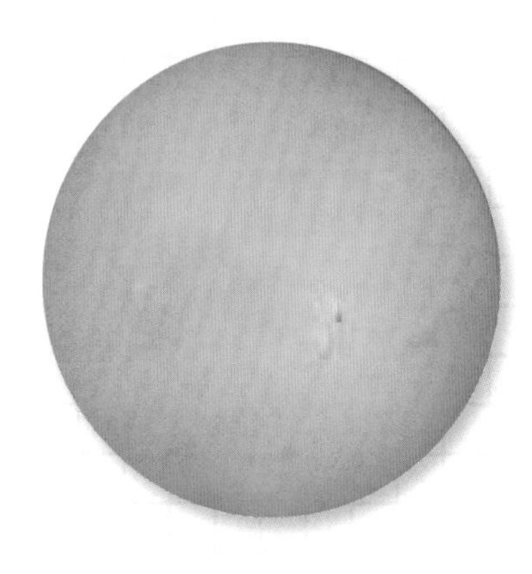

광구

눈으로 볼 수 있는 태양의 표면을 광구라고 합니다. 우주에서 지구를 보면 육지와 바다, 구름이 보이는 것처럼 광구 위에도 여러 가지 현상이 나타납니다.

흑점

광구에 보이는 작고 검은 점입니다. 광구의 밝은 부분보다 온도가 낮습니다. 크기가 지구보다 큰 흑점도 있답니다.

코로나

태양 주위를 둘러싼 매우 뜨거운 가스입니다. 평소에는 광구의 밝은 빛에 가려 보이지 않다가 달이 태양을 가리는 개기일식 때 관측됩니다.

여러 가지 현상

홍염

태양의 뜨거운 열 때문에 광구에서 코로나로 솟구치는 불꽃입니다. 큰 것은 높이가 지구 지름의 수십 배나 됩니다.

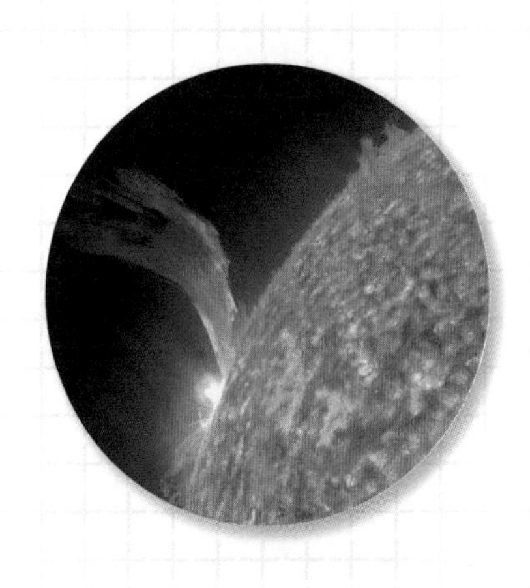

플레어

태양 흑점 주변에서 일어나는 거대한 폭발입니다. 엄청나게 빠른 알갱이들을 뿜어내 지구에까지 영향을 미칩니다.

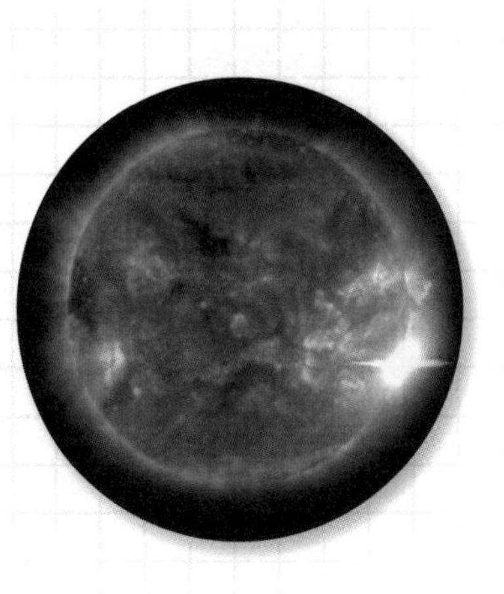

태양풍

태양에서 불어오는 작은 알갱이들입니다. 대부분은 지구의 자기장과 대기에 가로막히지만, 강력한 태양풍은 인공위성이나 통신, 전력 시설에 영향을 줄 수 있습니다.

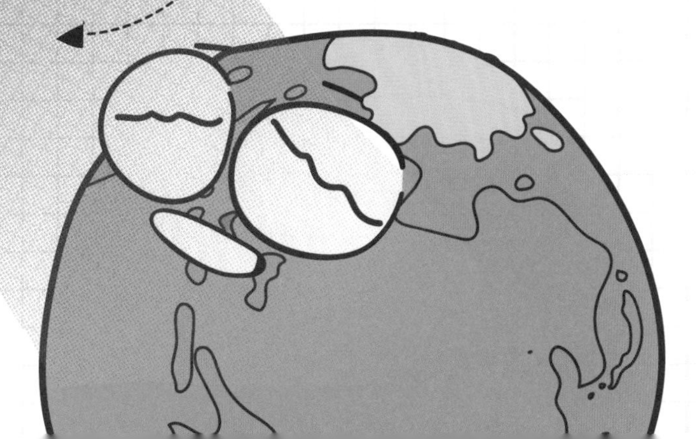

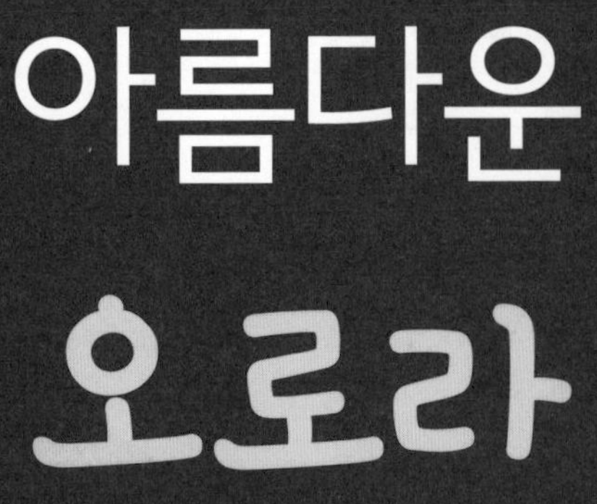

태양의 플레어 활동으로 뿜어져 나온 알갱이 중에서 지구 자기장에 이끌려 극지방으로 흘러 들어가는 것들이 있습니다. 이들이 상층부 대기와 충돌하여 아름다운 빛을 내는 현상을 오로라라고 합니다.

Photo by Lightscape on Unsplash

한 장으로 정리해볼까?

❓ 문제

1. 스스로 타서 빛을 내는 별 중 지구에서 가장 가까운 것은 무엇일까요? (   )
2. 태양은 지구의 몇 배나 무거울까요? (   )
3. 태양 표면에서 온도가 낮아 검게 보이는 부분을 무엇이라고 하나요? (   )
4. 태양에서 나온 알갱이들이 지구 대기에 부딪혀서 아름답게 빛나는 것은 무엇인가요? (   )
5. 빛이 지구에서 태양까지 가는데 얼마나 걸릴까요? (   )

chapter 06

태양계

06

- 태양계의 중심
- 태양을 도는 행성
- 행성이 되고 싶은 왜행성
- 찾아보자 소행성
- 꼬리가 달린 혜성

태양은 별의 도시에서
꽤 떨어진 곳에 사네.
별의 도시
별꿈아 안녕?
태양아! 이렇게 먼 곳에
혼자 있구나.
많이 외로웠지?
무슨 소리야.
난 혼자가 아니야.
응? 이 작은 것들은 뭐야?

태양계의 중심

태양은 3,000억 개의 별이 모여 있는 우리은하 한 쪽 귀퉁이에 있습니다. 태양과 태양 주위를 돌고 있는 천체들이 모인 공간을 '태양계'라고 합니다. 태양은 태양계에서 가장 크고 무거운 대장이지요.

나는 태양계의 중심!!

우리은하

태양이 태양계의 중심이듯, 다른 별들도 각자의 계를 가집니다. 카펠라를 중심으로 도는 천체들은 카펠라계, 베가를 중심으로 도는 천체들은 베가계라고 부르겠지요.

우리 가족은
카펠라계라고 해.
나는 베가계의
중심이야.

그럼 우리
가족은 별꿈이계?

태양을 도는 행성

태양계에는 태양을 중심으로 도는 행성이 8개 있습니다.

수성

수성은 태양에서 가장 가까운 행성입니다. 그래서 태양을 바라보는 쪽과 반대 쪽의 온도 차이가 매우 크답니다.

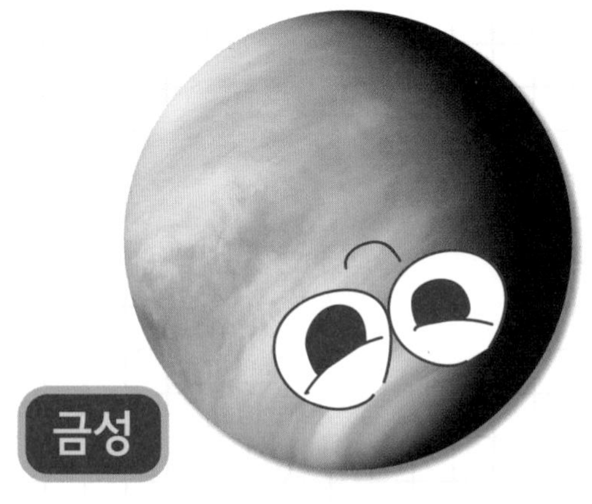

금성

금성은 행성 중 가장 밝게 빛납니다. 우리 선조들은 새벽에 보이는 금성은 '샛별', 초저녁에 보이는 금성은 '개밥바라기'라고 불렀습니다.

지구

우리가 살고 있는 지구는 태양에서 적당히 떨어져 너무 뜨겁지도, 너무 춥지도 않습니다. 그래서 우리는 지구에서 살 수 있습니다.

화성

붉게 빛나는 화성은 지구와 환경이 가장 비슷한 곳입니다. 화성에는 과거에 물이 흘렀던 흔적도 있고 공기도 있습니다. 미래에는 사람들이 화성으로 이사 갈지도 모릅니다.

목성

목성은 태양계 행성 중 가장 크고 무겁습니다. 목성을 망원경으로 관찰하면 갈색 줄무늬와 목성 주변을 도는 네 개의 위성을 볼 수 있습니다.

칼리스토

가니메데

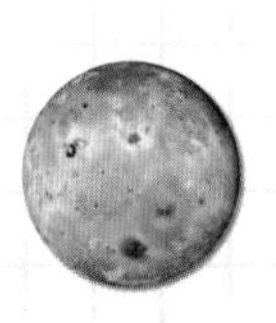

이오

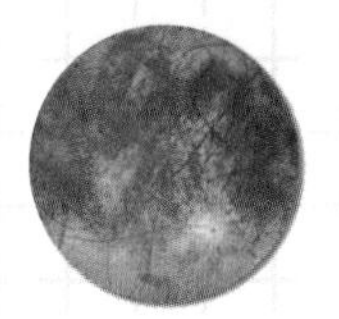

유로파

행성들 주변에 있는 건 뭐지?
그건 바로 위성이야.

행성을 도는 위성

꾸준히 목성을 관찰하던 갈릴레이는 이상한 점을 발견했습니다. 마치 달이 지구 주위를 돌 듯, 목성 주변 네 개의 별이 목성을 도는 것이었습니다. 처음으로 다른 행성을 중심으로 도는 천체를 발견한 순간이었지요. 이렇게 행성 주변을 도는 천체를 **위성**이라고 합니다.

망원경으로 본 목성의 모습

토성

만약 토성을 물에 넣을 수 있다면 토성은 물 위에 둥둥 떠 있을 것입니다. 튜브처럼 생긴 고리 때문일까요? 토성의 고리는 튜브가 아니라 암석과 얼음들입니다. 토성은 커다란 몸집에 비해 몸무게가 덜 나가기 때문에 물에 뜰 수 있답니다.

토성은 귀가 달렸나?

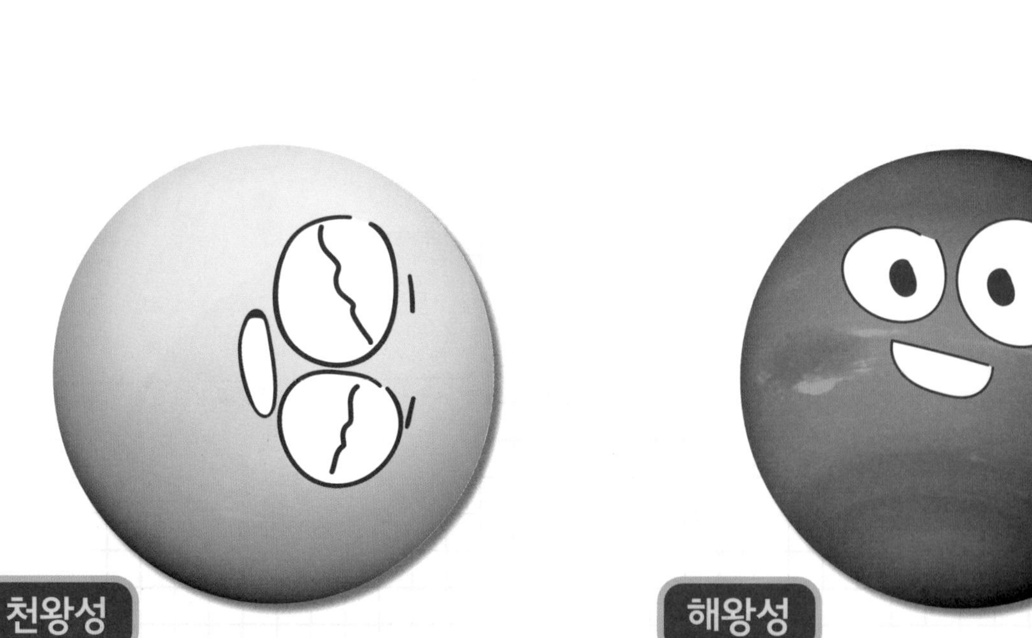

천왕성

망원경으로 보면 별과 달리 동그란 모양이 보이는 천왕성은 하늘색의 고운 빛깔을 가진 게으름뱅이입니다. 다른 행성들과 달리 누워서 태양 주변을 돌고 있기 때문이죠.

해왕성

태양에서 가장 멀리 떨어져 있는 해왕성은 천왕성과는 달리 크고 어두운 소용돌이가 나타났다가 사라지곤 합니다. 천왕성과 해왕성 모두 잘 보이지 않는 얇은 고리를 가지고 있답니다.

잠깐!

누가 더 무거울까요?

태양계 가족들이 시소를 타고 있습니다. 어느 쪽이 더 무거울까요?
더 무거운 쪽에 동그라미를 그려보세요.

날 이길 수 있을까?
얘들아 모여!
태양
태양을 제외한 태양계의 모든 천체

난 제일 크고 무거운 행성이라고.
우리는 행성이 일곱 개야.
목성
수성, 금성, 지구, 화성, 토성, 천왕성, 해왕성

수성, 금성, 지구, 화성, 목성, 토성, 천왕성, 해왕성을
이라고 부른다.
태양계 가족이
이렇게 많다고.

행성이 되고 싶은 왜행성

1930년 톰보는 명왕성을 아홉 번째 행성으로 발표했습니다. 하지만 2006년, 국제천문연맹은 힘이 약한 명왕성을 행성에서 뺐습니다. 그래서 명왕성은 왜행성이 되었답니다.

마케마케

에리스

왜행성으로 분류된 명왕성은 134340 이라는 새로운 이름을 얻었습니다.

134340 명왕성

하우메아

세레스

왜행성은 행성보다 작지만 소행성보다는 크고 둥글게 생긴 천체를 말합니다. 명왕성과 이탈리아의 피아체가 발견한 세레스, 명왕성보다 먼 곳에서 발견된 에리스, 마케마케, 하우메아가 태양계의 왜행성이랍니다.

그럼 명왕성이 사라진 거야?
명왕성은 그대로 있고 이름만 달라진 거야.

찾아보자 소행성

태양계 여기저기 감자같이 생긴 작은 천체들을 소행성이라고 합니다. 주로 화성과 목성 사이에 자리 잡고 소행성대를 이루고 있지요. 목성 궤도에는 트로이 소행성군이라는 소행성들도 있습니다. 소행성은 워낙 작아서 아직도 발견하지 못한 것이 많습니다.

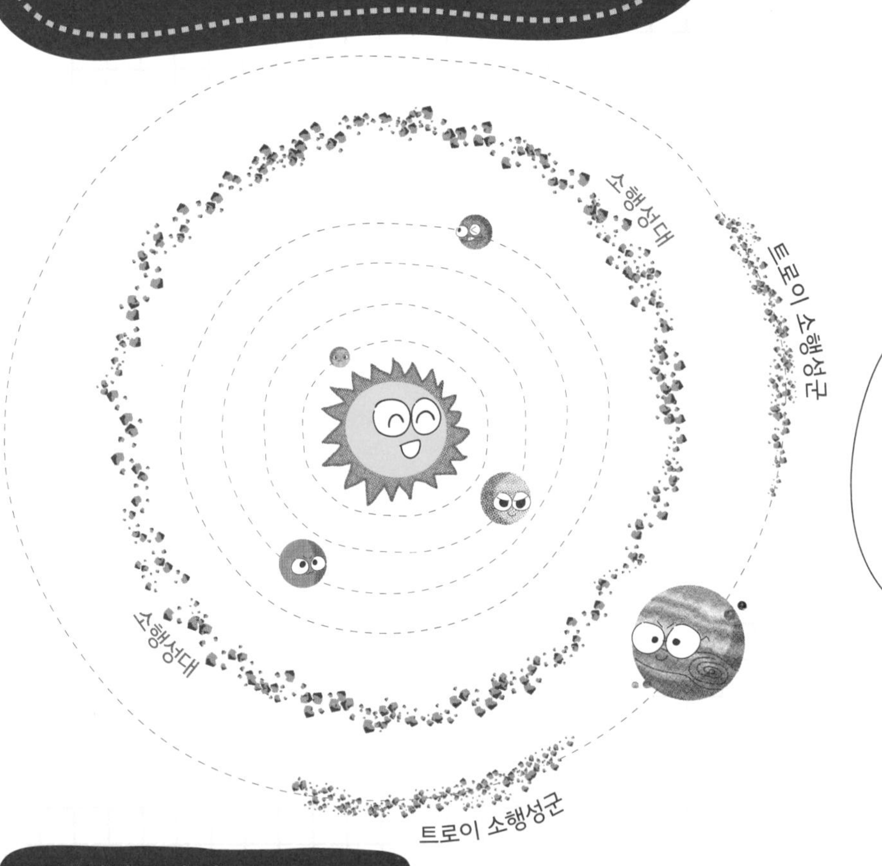

소행성은 발견한 사람이 이름을 지어줄 수 있습니다. 여러분이 소행성을 발견한다면 어떤 이름을 지어주고 싶은가요?

소행성의 크기 비교

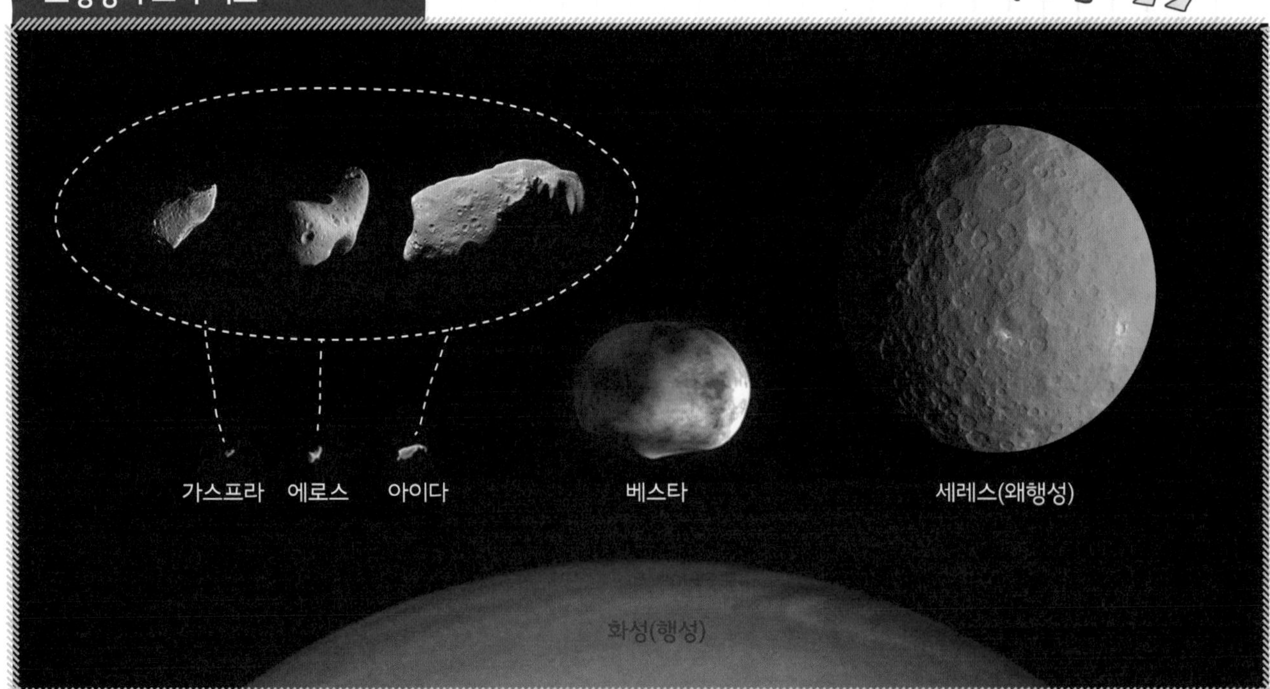

꼬리가 달린 혜성

머리카락처럼 긴 꼬리를 가진 천체를 '혜성'이라고 합니다. 사실 이 꼬리는 항상 있는 것이 아니라 태양에 가까워질 때 얼음이 녹으면서 생기는 것입니다.

핼리혜성

헤일-밥 혜성

혜성의 이름은 발견한 사람의 이름을 따서 붙입니다. 핼리혜성은 에드먼드 핼리가 발견한 혜성이죠. 만약 발견자가 두 명이라면 둘의 이름을 합친답니다. 예를 들어 알란 헤일과 토마스 밥이 발견한 혜성의 이름은 헤일-밥 혜성이라고 부릅니다.

궁금해요!

별똥별도 태양계 가족인가요?

밤하늘을 순식간에 가로지르는 별똥별은 사실 천체가 아닙니다. 우주의 먼지 알갱이들이 지구로 떨어질 때 공기와의 마찰에 의해 타는 현상일 뿐입니다. 그래서 별똥별은 태양계 가족이라고 할 수 없어요.

별꿈이의 고향 행성

시리우스계에는 어떤 행성과 위성이 있을까요? 시리우스계에도 소행성과 혜성이 있을까요? 시리우스계를 상상해서 그려보세요.

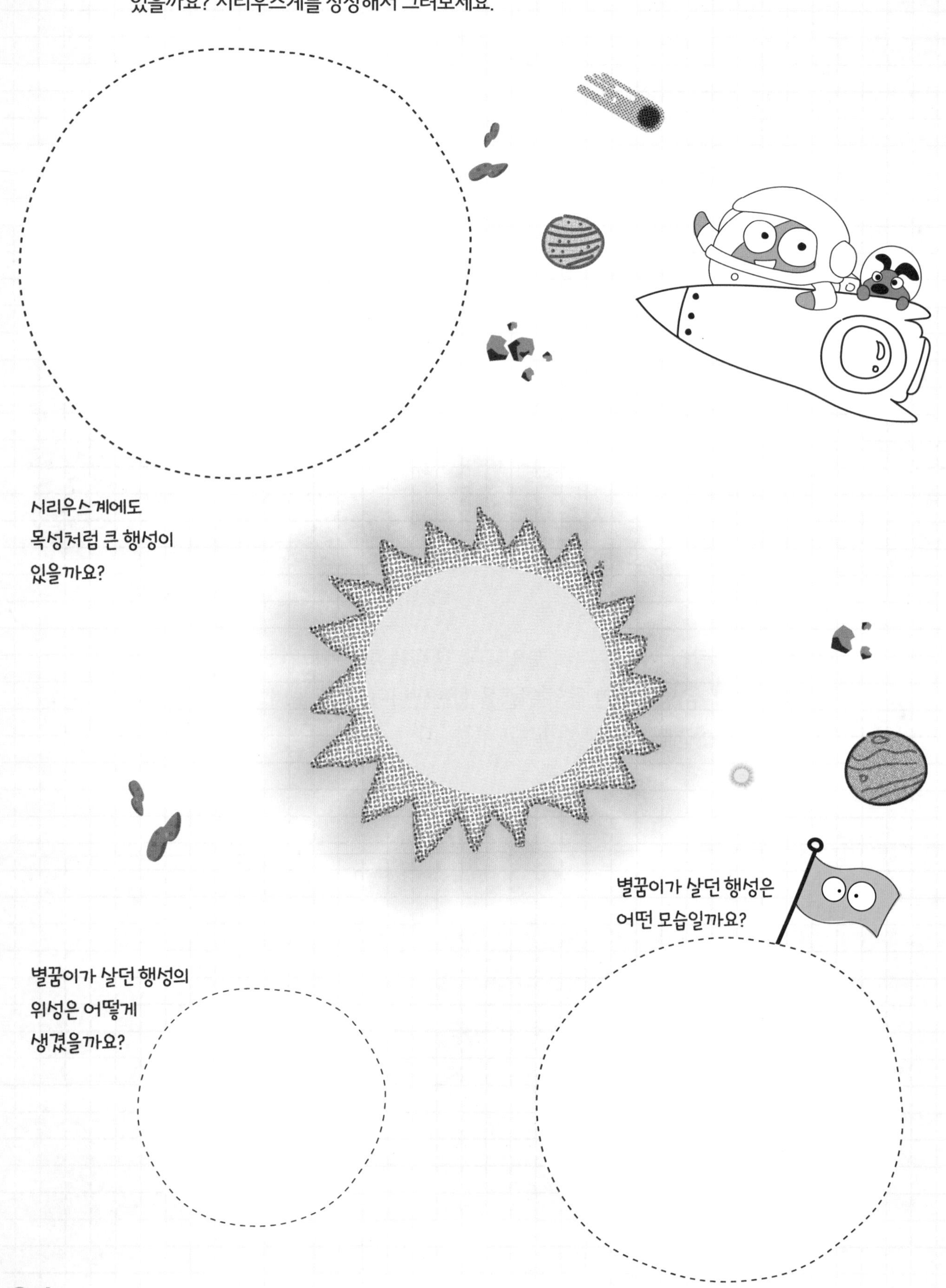

시리우스계에도
목성처럼 큰 행성이
있을까요?
별꿈이가 살던 행성은
어떤 모습일까요?
별꿈이가 살던 행성의
위성은 어떻게
생겼을까요?

퀴즈 한 장으로 정리해볼까?

? 문제

1. 여러 천체들이 태양을 중심으로 돌고 있는 공간은 무엇일까요? (　　　　　　　　　　)
2. 물 위에 둥둥 뜰 수 있는 행성은 무엇일까요? (　　　　　　　　　　)
3. 행성 주변을 도는 천체를 뭐라고 부를까요? (　　　　　　　　　　)
4. 행성보다 작고 소행성보다 큰 명왕성은 어떤 천체일까요? (　　　　　　　　　　)
5. 머리카락처럼 긴 꼬리를 가진 천체는 무엇일까요? (　　　　　　　　　　)

chapter 07

여름철 별자리와 별의 크기

07

- 별의 모양
- 여름철 별자리
- 별자리 이야기 거문고자리
- 여름철 밤하늘 스케치
- 별의 크기
- 가장 큰 별과 가장 작은 별

어떤 별이 제일 클까?
별은 전부 크기가
똑같아 보여.
에이. 설마.
망원경으로 보면 어느 별이
더 큰지 알 수 있을 거야!
목성이 제일 크네!
....
목성이 별이라고?
역시 난 천재야!

별의 모양

밤하늘에 반짝반짝 빛나는 별은 어떻게 생겼을까요? 별의 모양이 어떻게 생겼을지 생각해 보세요.

점으로 보이던걸?
별은 당연히
별 모양이지.

내가 사진에서 본
별은 이렇게 생겼어.

여러분이 생각하는 별의 모습을 그려봅시다.

별은 사실 태양처럼 동그란 공 모양입니다. 너무 멀리 있어서 우리 눈에는 그냥 점처럼 보이는 것이지요.

다른 별도
나처럼 생겼다고?!
우리도 별이라네~

왜 별의 모습을 알기 어려울까?

밤에 별을 가만히 바라보고 있으면 별이 반짝이는 것처럼 보입니다. 우리가 별의 모습을 알기 어려운 이유는 바로 이 반짝임 때문입니다. 별이 반짝이는 이유는 지구에 공기가 있기 때문이랍니다.

여름철 별자리

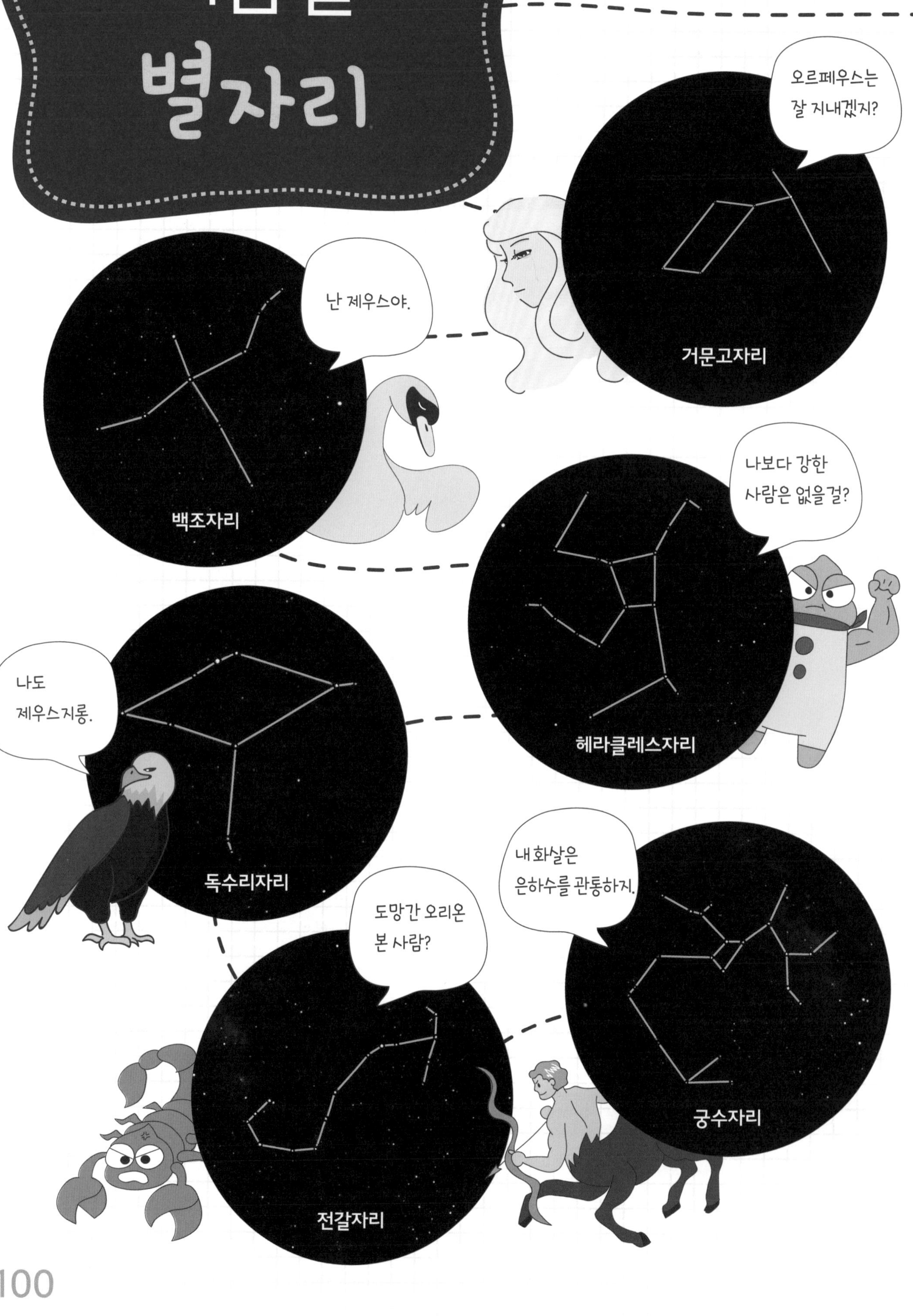

오르페우스는 잘 지내겠지?

거문고자리

난 제우스야.

백조자리

나보다 강한 사람은 없을걸?

헤라클레스자리

나도 제우스지롱.

독수리자리

내 화살은 은하수를 관통하지.

궁수자리

도망간 오리온 본 사람?

전갈자리

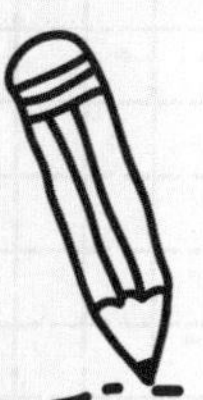

여름철 별자리를 그려보자.

왼쪽 별자리 사진을 보면서 별자리선을 완성해 보세요. ◉ 표시된 밝은 별을 이어보면 어떤 모양일까요?

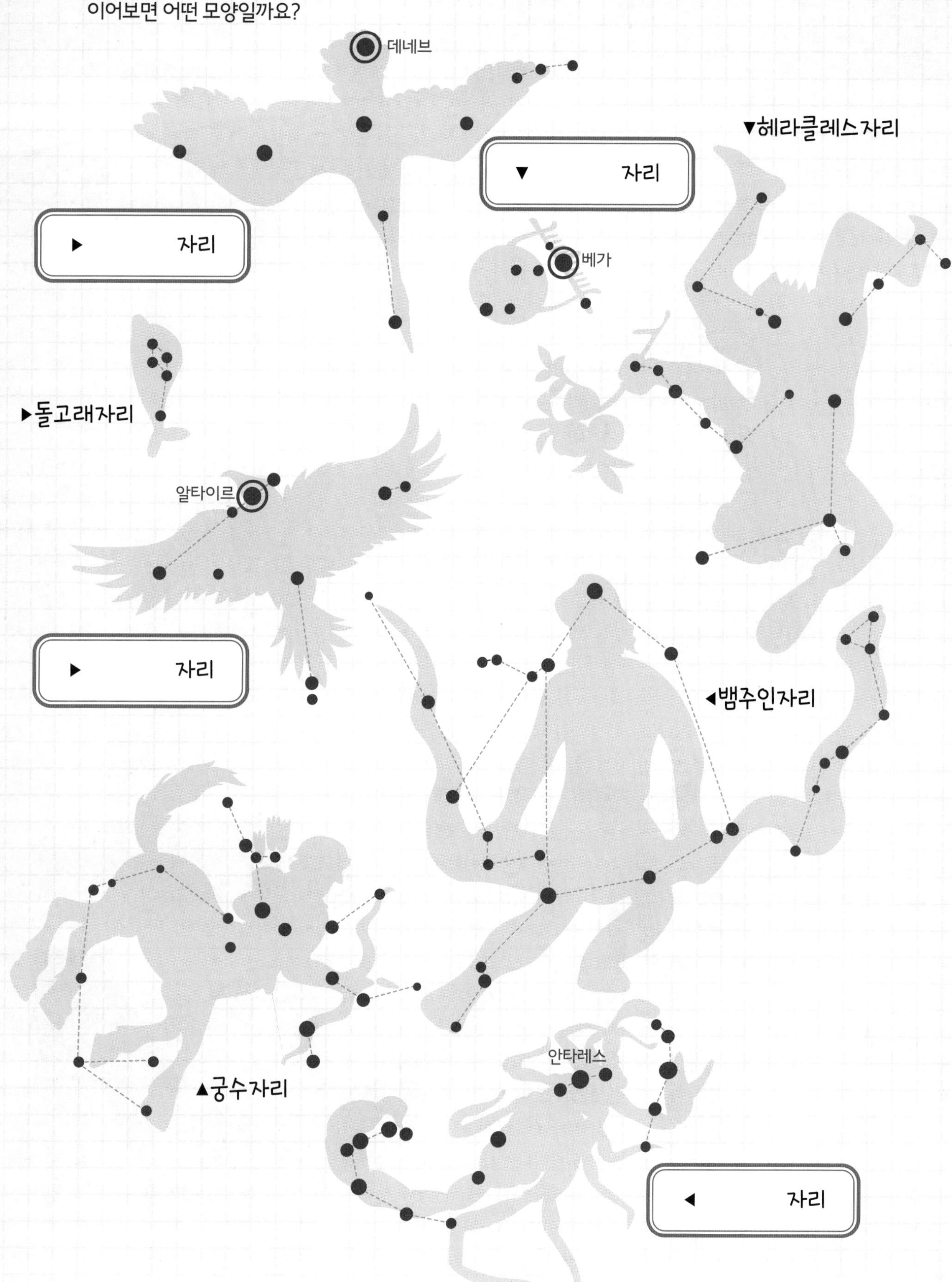

별자리이야기 거문고자리

거문고자리는 오르페우스와 에우리디케의 슬픈 사랑 이야기를 간직한 서양의 거문고, 리라의 모습입니다.

오르페우스는 리라 연주 실력이 뛰어났습니다. 그가 리라를 연주하면 그 소리에 감탄하지 않는 사람이 없을 정도였습니다.

리라 : 서양의 거문고

어느 날 오르페우스의 연인 에우리디케가 독사에 물려 죽었습니다. 에우리디케를 되찾기 위해 오르페우스는 지하세계로 향했습니다.

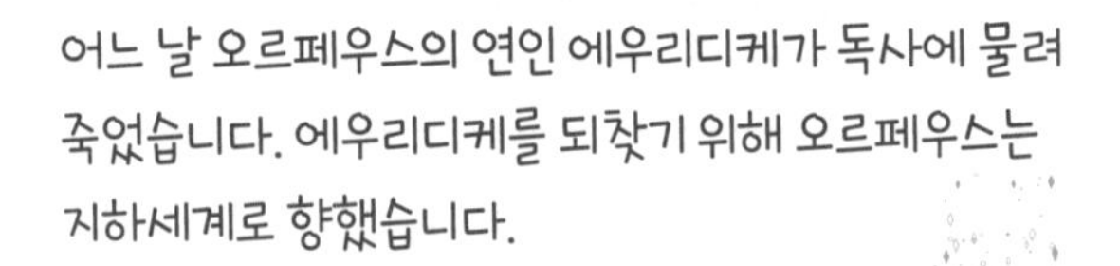

리라 연주에 감동한 문지기 카론과 케르베로스는 오르페우스가 지하세계로 갈 수 있게 도와주었습니다.

결국 지하의 왕 하데스까지 오르페우스의 음악에 감동했습니다. 하데스는 에우리디케를 살려주는 대신, 지상에 나갈 때까지 절대 뒤돌아봐서는 안 된다고 당부했습니다.

지하세계에서 빠져나오기 직전, 에우리디케가 잘 따라오는지 너무 궁금했던 오르페우스는 그만 약속을 어기고 뒤를 돌아보았습니다.

그 순간 에우리디케는 다시 지하세계로 끌려가 버렸답니다.

여름철 밤하늘 스케치

여름철 밤하늘에 숨어있는
아름다운 천체들을 찾아보아요.

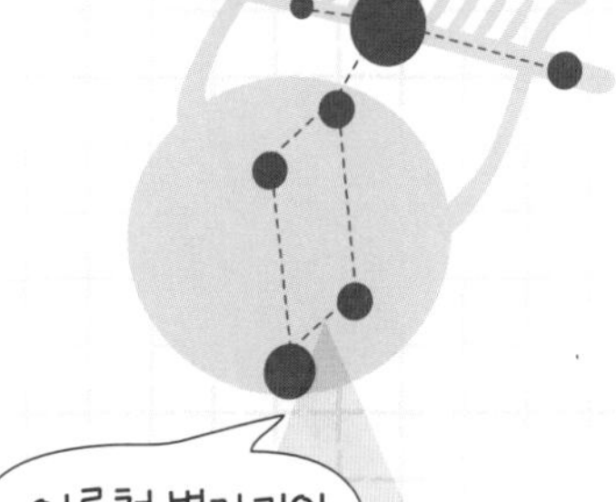

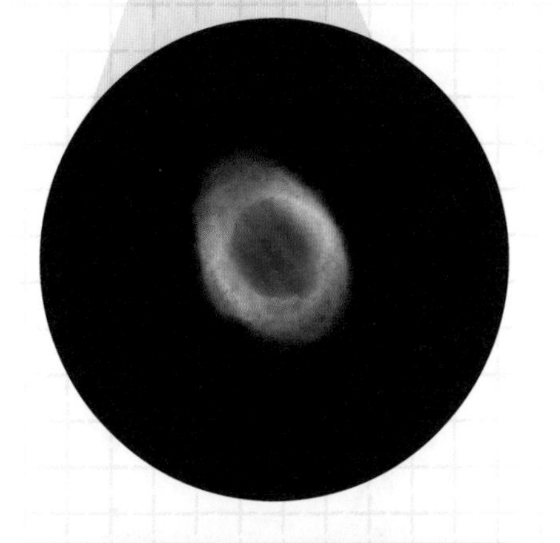

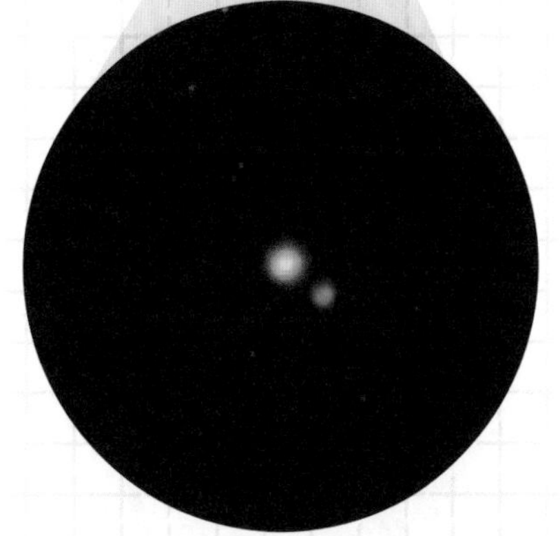

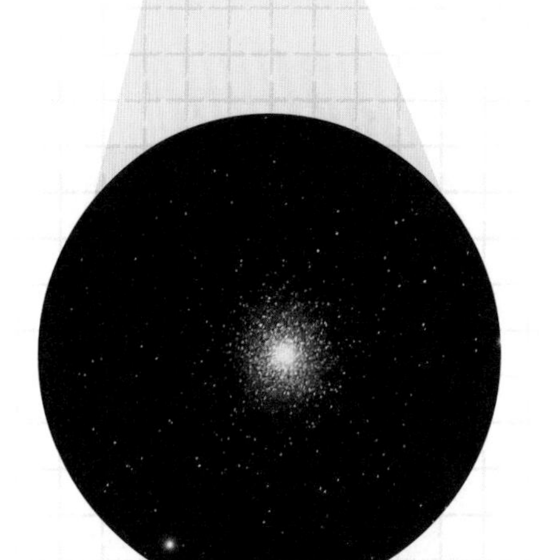

반지성운 (M57)

망원경으로 거문고자리를 잘 살펴보면 뿌연 반지 모양의 성운이 보입니다. 아름다운 모습의 반지성운은 사실 별이 죽어서 남긴 모습입니다.

알비레오

백조자리에서 백조의 얼굴에 해당하는 별이 바로 알비레오입니다. 알비레오는 붉은 별과 푸른 별이 대비되어 보이는 아름다운 이중성입니다. 알비레오의 붉은 별은 옆의 파란 별보다 23배나 큽니다.

헤라클레스 구상성단 (M13)

헤라클레스 구상성단은 맨눈으로는 잘 보이지 않지만, 망원경을 이용하면 쉽게 찾을 수 있는 구상성단 중 하나입니다. 이 구상성단을 처음 발견한 사람은 핼리혜성을 발견한 에드먼드 핼리랍니다.

별의 크기

태양계 행성과 비교하면 태양은 굉장히 커다랗습니다. 하지만 태양이 가장 큰 별은 아닙니다. 여름철에 볼 수 있는 별인 거문고자리의 베가, 백조자리의 데네브, 독수리자리의 알타이르는 모두 태양보다 크답니다.

어떻게

별의 크기를 나타낼까?

사람은 발끝에서 머리끝까지의 길이인 '키'로 크기를 알 수 있습니다. 마찬가지로 공처럼 생긴 별도 키를 잴 수 있습니다. 별의 키는 한쪽 끝에서 별의 중심을 지나 다른 한쪽 끝까지 이어지는 길이로 나타냅니다. 이 길이를 **지름**이라고 한답니다.

나의 지름은
1,400,000km라고!
중심

별꿈이의 키

태양의 지름

별은 엄청나게 크기 때문에 우리가 흔히 쓰는 미터(m)나 킬로미터(km)를 써서 나타내기 힘듭니다. 대신 태양과 비교해 별의 크기를 편리하게 나타낼 수 있습니다. 예를 들어 **백조자리의 꼬리별인 데네브의 크기는 태양보다 200배** 크다고 말합니다.

태양도 저렇게 큰데
더 큰 게 있어?

가장 큰 별과 가장 작은 별

현재까지 발견한 별 중 가장 큰 별은 스티븐슨 2-18입니다. 이 별의 지름은 태양보다 2,150배 넘게 큽니다. 빛의 속도로 이 별을 한 바퀴 돌면 8시간 40분이나 걸립니다. 만약 태양 자리에 스티븐슨 2-18이 있다면, 그 크기가 토성궤도를 넘을 것입니다.

스티븐슨 2-18과 태양의 실제 크기 비교

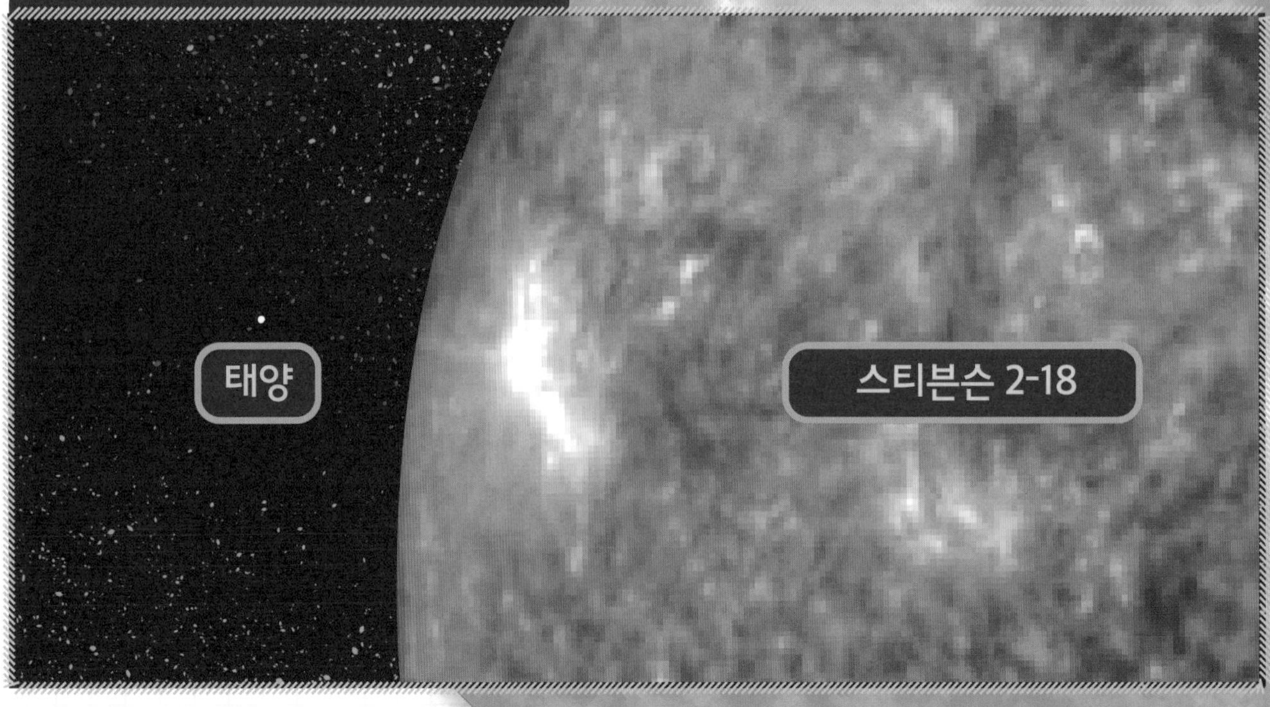

목성이나 토성은 스스로 빛을 내지 못하기 때문에 별이 아닙니다. 그런데 놀랍게도 토성만큼 작은데도 스스로 빛을 내는 별이 2017년에 발견되었습니다. 이 별의 이름은 EBLM J0555-57Ab이랍니다.

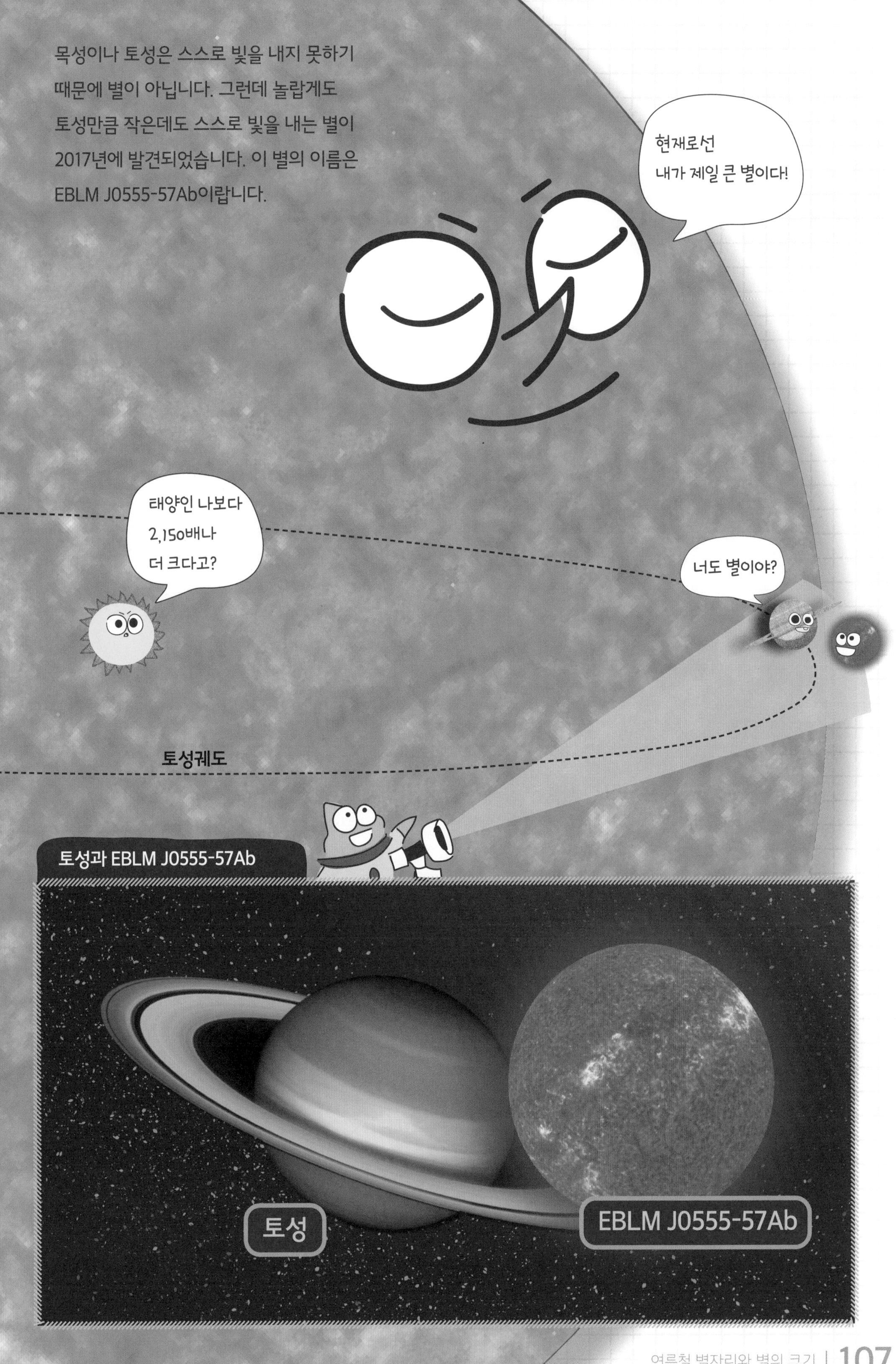
현재로선
내가 제일 큰 별이다!
태양인 나보다
2,150배나
더 크다고?
너도 별이야?
토성궤도
토성과 EBLM J0555-57Ab
토성
EBLM J0555-57Ab

별의 크기를 알까?

두 친구의 키와 몸무게가 같다면, 사진을 보지 않아도 이 둘의 몸집이 비슷하다는 것을 알 수 있습니다. 만약 두 친구가 키는 같지만 몸무게가 다르다면, 몸무게가 많이 나가는 친구의 몸집이 더 크겠지요.

키와 몸무게가 같다면 몸집이 비슷합니다.

키는 같은데 몸무게가 다르다면 어떨까요?

같은 거리에 있는 별은 온도와 밝기를 이용해서 크기를 짐작할 수 있습니다. 온도와 밝기가 모두 같다면 별의 크기가 비슷할 것이고, 온도는 같은데 밝기가 다르다면 더 밝은 별이 클 것입니다.

한 장으로 정리해볼까?

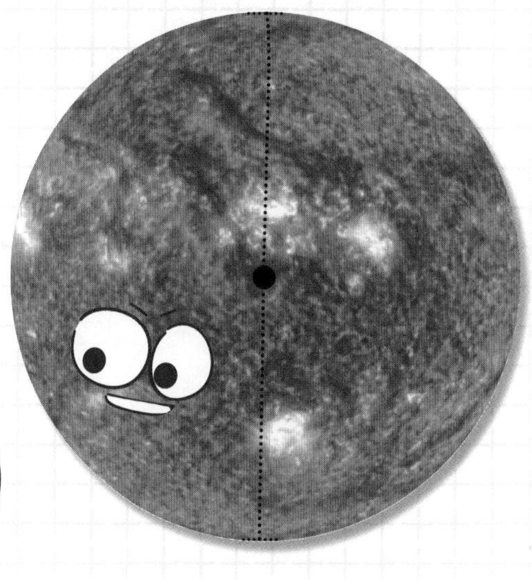

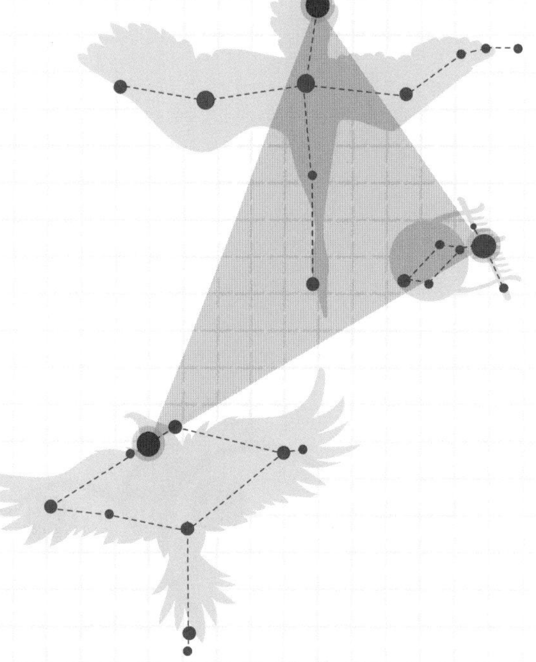

? 문제

① 별이 반짝거리는 이유는 별빛이 지구 대기를 통과하며 (　　　)입자와 부딪히기 때문이다.

② 거문고자리의 베가, 독수리자리의 알타이르, 백조자리의 데네브를 이으면 여름철 (　　　　　)을 볼 수 있다.

③ 공처럼 둥근 별의 크기는 (　　　　　)으로 나타낸다.

④ 가장 큰 별은 (　　　　　)의 궤도만큼 크고, 가장 작은 별은 (　　　　　)만 하다.

chapter 08

은하수

- 세계의 은하수 전설
- 은하수의 정체
- 우리은하는 얼마나 클까?
- 우리은하 구석구석

큰일이야!!
산불이다!!!
허둥
지둥
별꿈아, 무슨 일이니?
앗! 별이야!
같이 뛰긴 뛰었는데
대체 불이
어디서 난거야.
산에서 연기가
피어오르잖아.
빨리 불을 꺼야 해.
불이 났다고??
별꿈이도 참~
저건 은하수잖아.
저게
은하수라고?

세계의 은하수 전설

은하수를 우리나라 말로는 '미리내'라고 부릅니다. '미르'는 용, '내'는 강을 뜻해서, 미리내는 용이 사는 강이라는 의미지요. 다른 나라에서는 은하수를 어떻게 부를까요? 또 은하수에 대해 어떻게 생각했을까요? 별꿈이와 함께 은하수 전설을 알아보러 세계 여행을 떠나보아요.

별꿈여행사

아메리카 지역
은하수를 따라 올라가면 영혼을 심판 하는 무서운 할머니가 있어. 착한 일을 많이 하면 하늘로 올라갈 수 있지만, 나쁜 일을 많이 한 영혼은 다시 땅으로 돌아오게 돼.

나라마다 이야기가 달라.

스칸디나비아 지역

용맹한 바이킹은 죽으면 은하수를 따라 발할라로 갈 수 있어. 나도 발할라에 가고 싶다!

한국

은하수 때문에 견우를 보러 갈 수가 없어. 빨리 음력 7월 7일이 되었으면 좋겠다.

그리스

은하수는 헤라의 우유가 흐르는 강이야. 영어로는 Milky Way 라고 부른단다.

인도

은하수는 비슈누 신의 발에서 흘러나온 물이야. 시바신은 세상의 더러움을 씻어내기 위해 은하수를 땅에도 흐르게 해주셨어. 땅에 흐르는 은하수가 바로 인도의 갠지스강이지.

우와~

은하수의 정체

밤하늘의 뿌연 구름처럼 보이는 은하수를 망원경으로 처음 본 사람은 갈릴레오 갈릴레이였습니다. 은하수에는 무수히 많은 별이 있었지요. 왜 은하수에는 별이 이렇게나 많을까요?

갈릴레오 갈릴레이 (1564~1642)

망원경으로 보니 은하수에 흐린 별이 촘촘히 있네. 왜 저기에만 별이 많은 걸까?

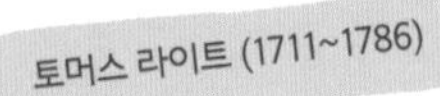

토머스 라이트 (1711~1786)
혹시 우리가 무수히 많은 별로 이루어진 거대한 천체 안에 있어서 이 별들이 띠로 보이는 것 아닐까요? 마치 숲속에서 빽빽한 나무를 바라보는 것처럼 말이죠.

?
?

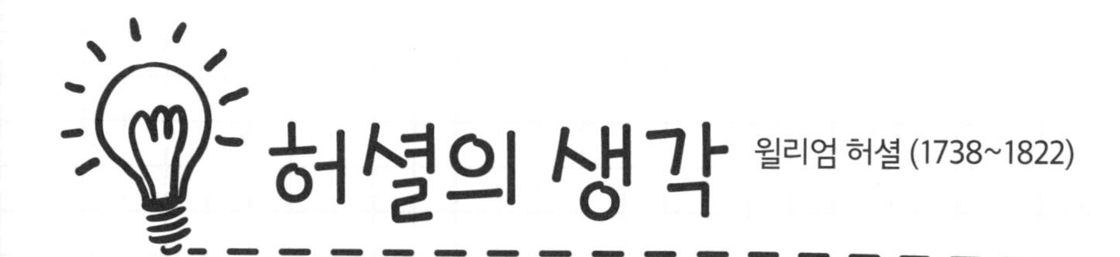

허셜의 생각

윌리엄 허셜 (1738~1822)

숲속에서 숲의 모양을 알 수 없듯이 우주 속에 있는 사람은 우주의 생김새를 알기 어렵습니다. 하지만 오랜 시간 고민한 허셜은 한 가지 생각이 떠올랐습니다.

윌리엄 허셜이 상상한 우주의 모습

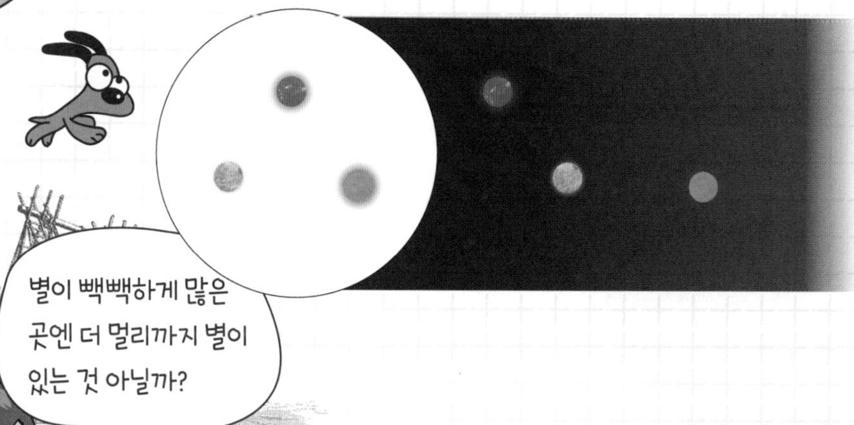

별이 빽빽하게 많은 곳엔 더 멀리까지 별이 있는 것 아닐까?

허셜이 제안한 우리은하의 모습

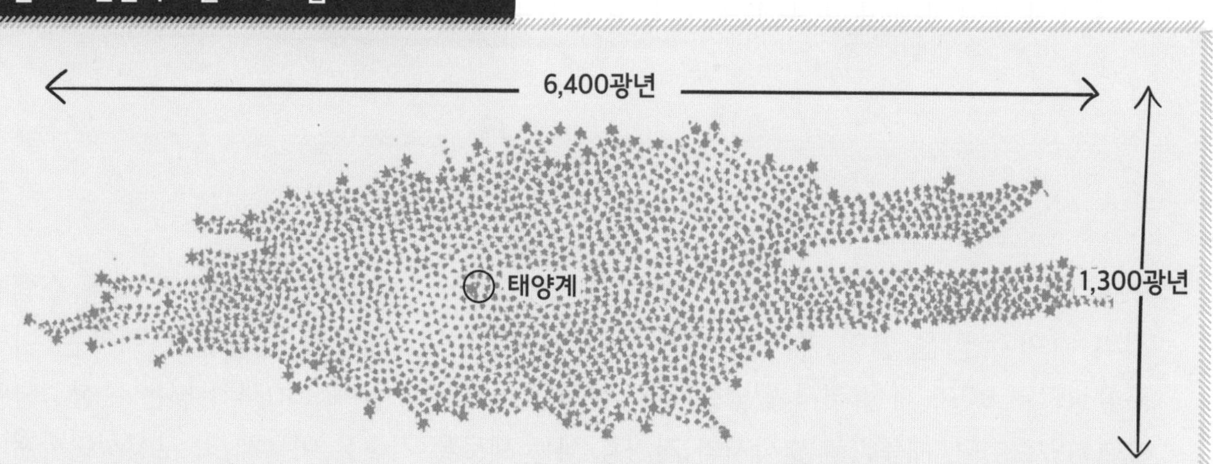

허셜은 하늘을 683개 구역으로 나눈 후, 각 구역의 별을 세어보았습니다. 그리고 어느 방향에 별이 많은지를 이용해 위의 그림과 같이 우리은하의 모습을 나타냈습니다. 허셜이 생각한 우리은하의 모습은 실제와는 큰 차이가 있지만, 최초로 우리은하의 모습을 생각해 보았다는 점에서 의미가 있답니다.

섀플리의 생각

할로 섀플리 (1885~1972)

섀플리 이전의 사람들은 당연히 태양이 우주의 중심이라고 생각했습니다. 허셜의 은하 모형 중심도 태양이죠. 하지만 섀플리는 은하의 중심을 알아낼 방법을 생각해 보았습니다.

구상성단이 별 하나보다
훨씬 무거우니까 구상성단으로
우리은하의 중심을 알 수 있을 거야.

구상성단을 이용해 알아낸 우리은하의 중심

섀플리는 여러 천체 중 구상성단에 관심이 많았습니다. 구상성단은 수십만 개 혹은 수백만 개의 나이가 많은 별이 공처럼 모여 있는 천체입니다. 섀플리가 살던 시대에는 이런 구상성단이 90여 개 알려져 있었습니다. 현재는 우리은하 안에 150개가 넘는 구상성단이 발견되었습니다. 섀플리는 별까지의 거리를 재는 새로운 기술을 이용해 각 구상성단까지의 거리를 재었습니다. 그런데 이게 어찌 된 일일까요? 구상성단들은 태양이 아닌 엉뚱한 곳을 중심으로 퍼져 있었습니다. 이곳은 태양으로부터 궁수자리 방향으로 26,000광년 떨어진 곳, 바로 우리은하의 중심입니다.

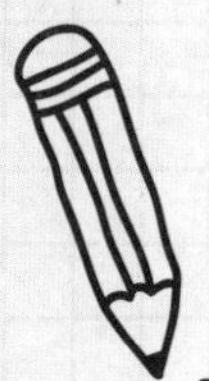

우리은하의 중심을 찾아보자.

태양보다 훨씬 더 무거운 구상성단을 이용해서 우리은하의 중심을 찾아보아요. 아래 그림은 우리은하 안의 구상성단을 표시한 것입니다. 그림을 보고 어느 곳이 우리은하의 중심일지 생각해 보세요.

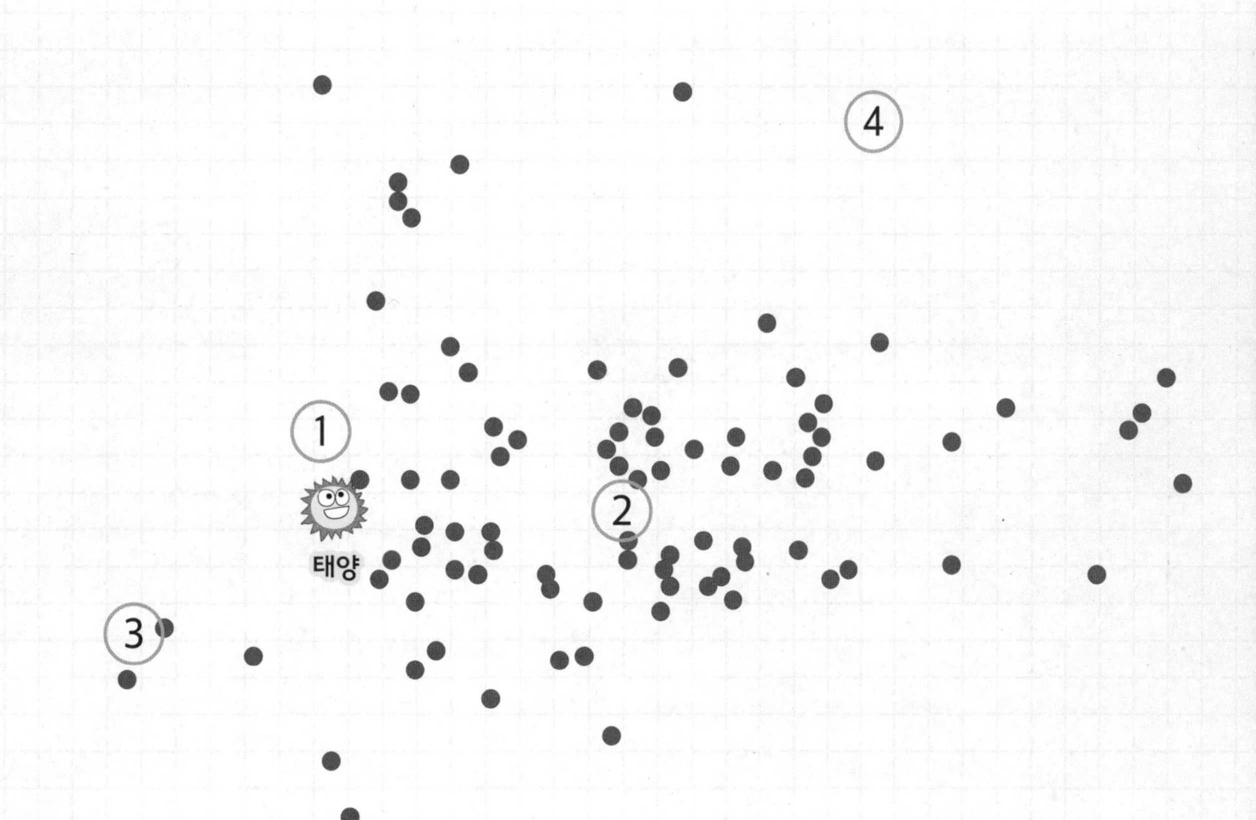

? 별꿈이 퀴즈

① 태양은 우리은하의 중심인가요? (네 □ / 아니요 □)

② 위 그림에서 우리은하의 중심은 어디일까요? (   )

우리은하는 얼마나 클까?

갈릴레이에 의해서 정체가 드러나기 시작한 우리은하는 허셜에 의해 원반 모양의 생김새가, 섀플리에 의해 그 크기와 중심이 알려졌으며, 현대의 많은 천문학자에 의해 실체가 드러나고 있습니다. 그럼, 우리가 살고 있는 우리은하는 얼마나 클까요?

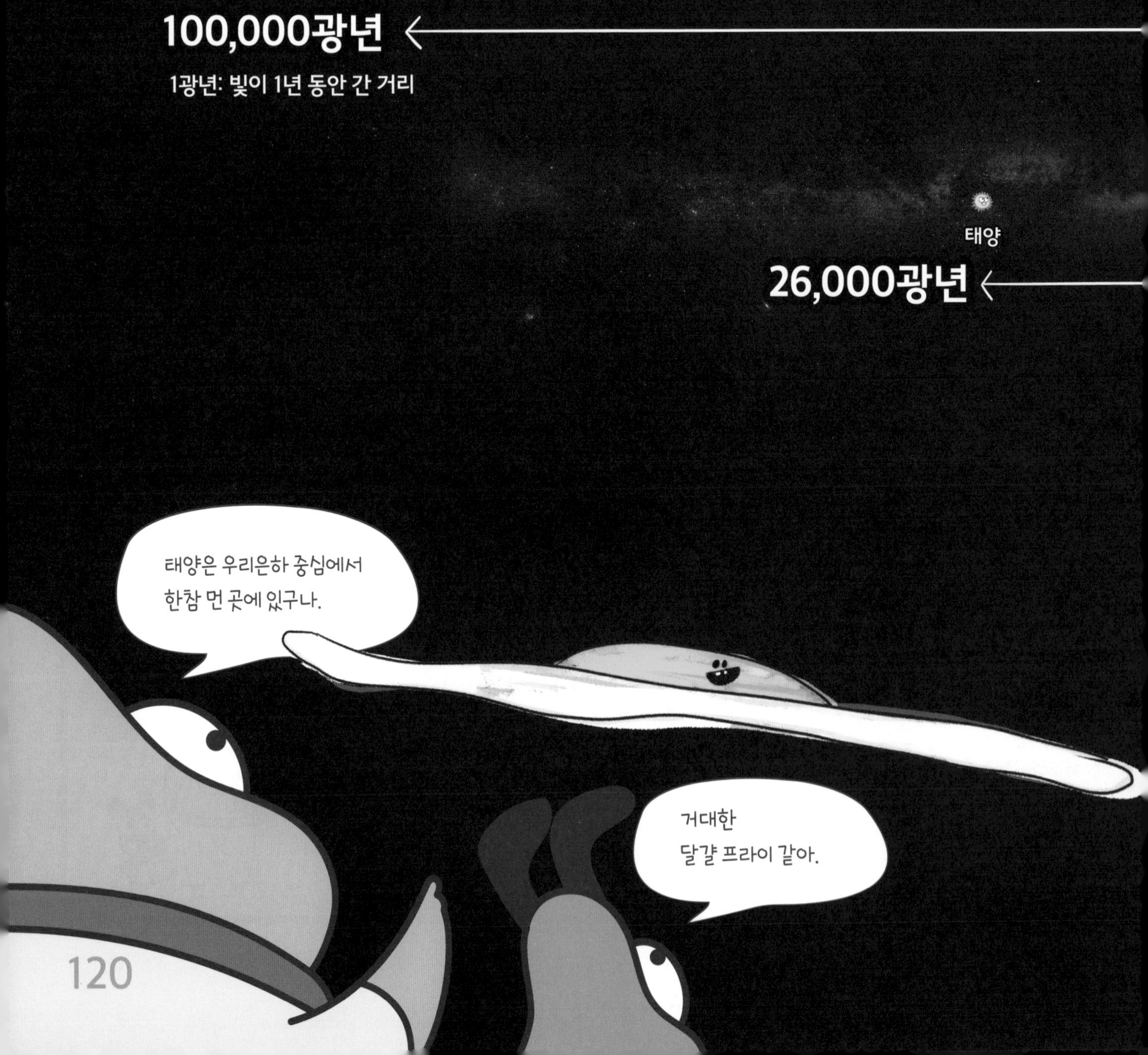

100,000광년

1광년: 빛이 1년 동안 간 거리

태양

26,000광년

태양은 우리은하 중심에서
한참 먼 곳에 있구나.

거대한
달걀 프라이 같아.

우리은하는 수천억 개의 별과 가스, 먼지가 중력에 의해 잡혀 있는 우주 속의 거대한 섬입니다. 우리은하의 지름은 약 100,000광년입니다.
하지만 그 두께는 약 1,000광년 정도로 크기에 비해 굉장히 얇습니다.

1,000광년

우리은하의 중심

우리은하는 태양보다 무려
1,000,000,000,000배 더 무거워.

우리은하 구석구석

헤일로

빛나는 은하핵이나 은하원반과 다르게 어두운 헤일로는 우리은하 전체를 공처럼 둘러싸고 있답니다.

은하원반

은하원반은 우리은하의 평평하고 납작한 부분입니다. 은하원반에 있는 별은 행성이 태양을 중심으로 도는 것처럼 은하핵을 중심으로 일정한 방향으로 회전하는데, 평균 회전 속도는 초속 210km 정도입니다. 은하 중심으로부터 26,000광년 떨어져 있는 태양이 우리은하를 한 바퀴 도는데 걸리는 시간은 무려 2억 4천만 년 정도랍니다.

헤일로

구상성단

은하원반

태양

은하핵

26,000광년

방패-센타우루스팔

은하핵

태양계는 여기 있어!

궁수팔

태양

오리온팔

페르세우스팔

이건 우리은하를 위에서 본 모습이야.

나선팔

우리은하 원반에는 여러 개의 나선팔이 있습니다. 우리은하를 크게 휘감고 있는 두 개의 큰 팔은 방패-센타우루스팔과 페르세우스팔입니다. 그 외에도 오리온팔, 궁수팔 등의 작은 팔이 가지처럼 뻗어 나와 있습니다. 태양은 오리온팔에 있답니다.

은하핵

우리은하의 중심에는 막대처럼 길쭉하고 밝은 은하핵이 있습니다. 너무나 밝은 은하핵은 눈으로만 보면 안쪽을 볼 수 없답니다. 천문학자들은 엑스선 망원경으로 은하핵 내부를 관찰했습니다. 그리고 은하 중심의 별들이 블랙홀에 의해 빠른 속도로 움직이는 것을 발견했습니다. 우리은하의 중심에 있는 이 블랙홀의 이름은 궁수자리A*입니다.

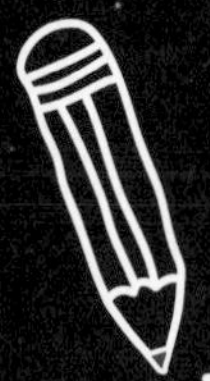

우리은하를 빠져나와라!

블랙홀을 피하고 **태양**을 만난 후 우리은하를 빠져나오세요.

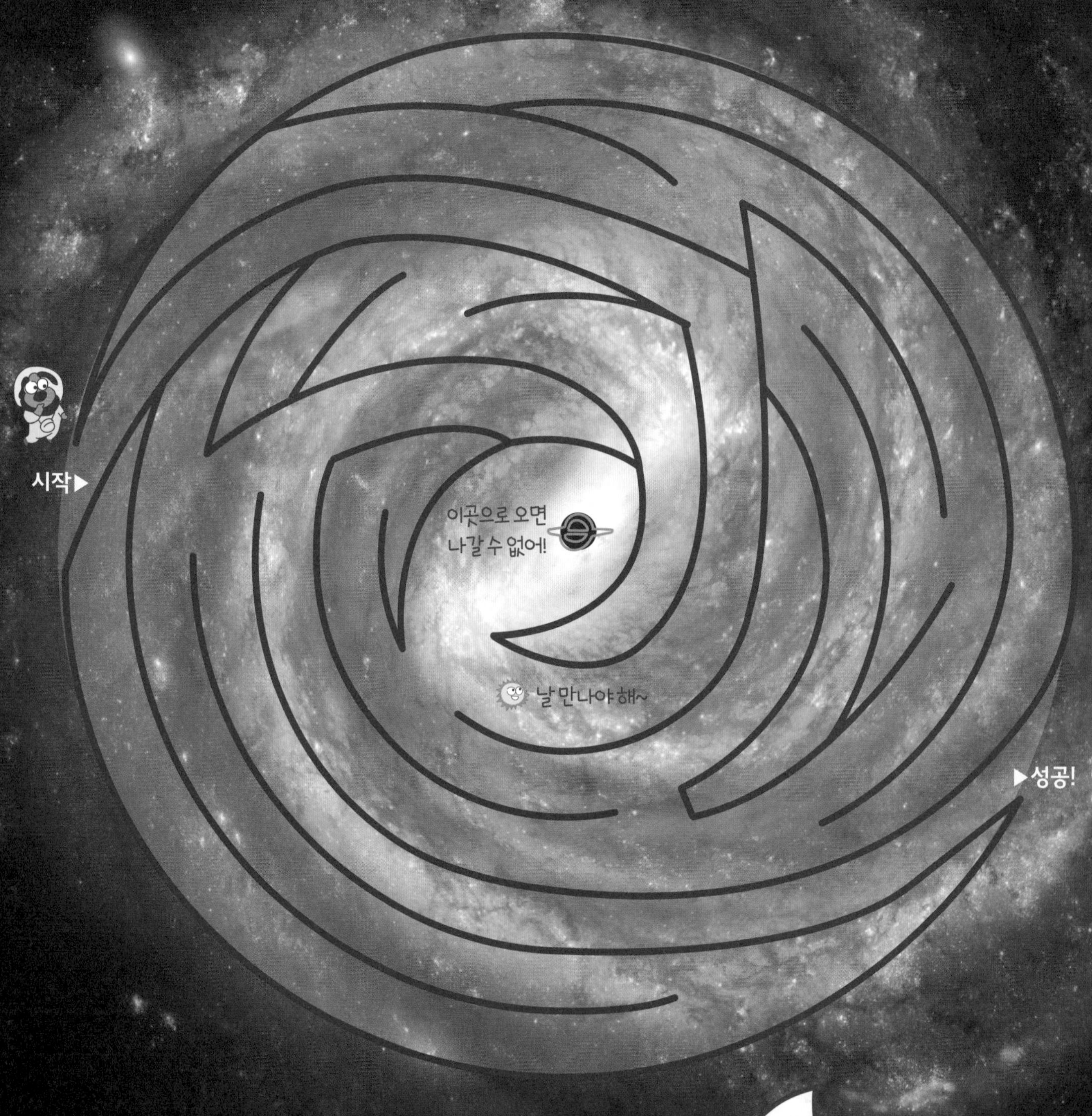

시작▶
이곳으로 오면
나갈 수 없어!
날 만나야 해~
▶성공!

라이카! 이쪽이야!
태양을 만나고 빨리 와줘!

한 장으로 정리해볼까?

? 문제

① 은하수를 우리나라 말로는 (   )라고 부르고, 영어로는 밀키웨이라고 부른다.

② 스칸디나비아 지역의 바이킹들은 은하수를 (   )로 가는 길이라고 생각했다.

③ 섀플리는 우리은하에 있는 (   )의 위치를 이용해 우리은하의 중심을 알아냈다.

④ (   )은 은하 중심에서 26,000광년 떨어진 나선팔에 있다.

⑤ 은하핵의 중심에는 거대한 (   )이 있다.

chapter 09

달 탐사

09

- 달 탐사의 역사1
- 달 탐사의 역사2
- 아폴로 11호 탐사 과정

미래의 2XXX년 달

환영합니다. 여기가 바로 인류 역사상 최초로 달에 도착한 아폴로 11호의 착륙 지점입니다.
와!!!
오!
저길 봐! 버즈 올드린의 발자국이다!

신난다!
우와! 저기 있는 크레이터도 보러 가야지~
이 발자국이 만들어지기까지 얼마나 많은 노력이 있었을까?
감동적인걸.

나만의 달 모습 그리기

달을 자세히 관찰하면 맨눈으로도 밝은 부분과 어두운 부분이 나뉘어 보입니다. 특히 어두운 부분을 바라보고 있으면 여러 가지 그림이 연상되지요. 아래에 자신만의 특별한 달 모습을 그려 보세요!

토끼
늑대
게
두꺼비
기도하는 여인
옛날 사람들은 내가 계수나무 밑에서 떡방아를 찧는다고 생각했단다.
오오! 여러 가지 모습으로 보이잖아!

달 탐사의 역사

달을 관찰하고 지도로 만들다

갈릴레이가 망원경으로 달을 관측하기 전까지 사람들은 달이 공처럼 완전한 구형이라고 생각했어요. 하지만 망원경으로 본 달은 사람들의 생각과는 달리 울퉁불퉁한 돌덩어리였지요. 달에는 운석 충돌로 만들어진 크레이터도 있고, 평평하고 넓은 지역도 있습니다.

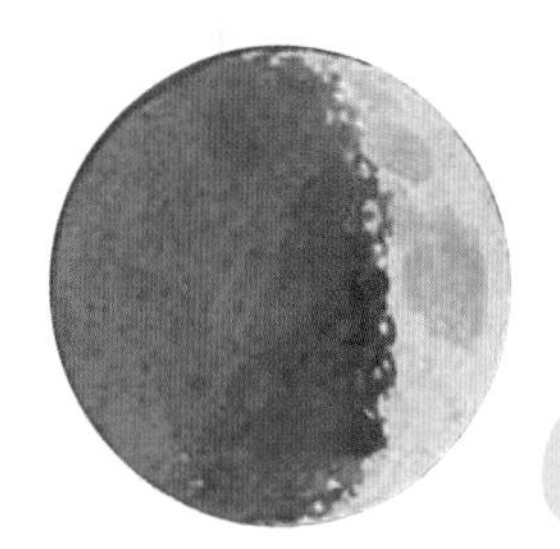

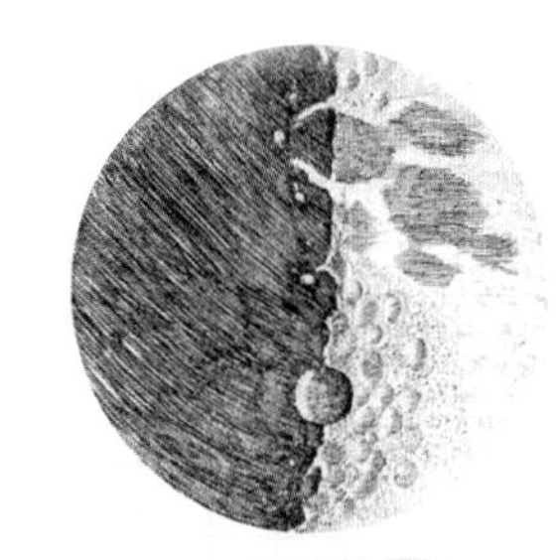

갈릴레이의 관찰

어두운 부분은 달의 밤이고, 밝은 부분은 달의 낮이야. 달이 반달보다 작을 때는 크레이터의 그림자가 선명하게 보인다고.

리치올리의 달 지도

달의 어둡고 평평한 지형은 바다라고 이름을 붙여야지. '풍요의 바다', '고요의 바다' 이렇게 말이야. 달 표면 구덩이에는 존경하는 과학자나 천문학자의 이름을 붙일거야.

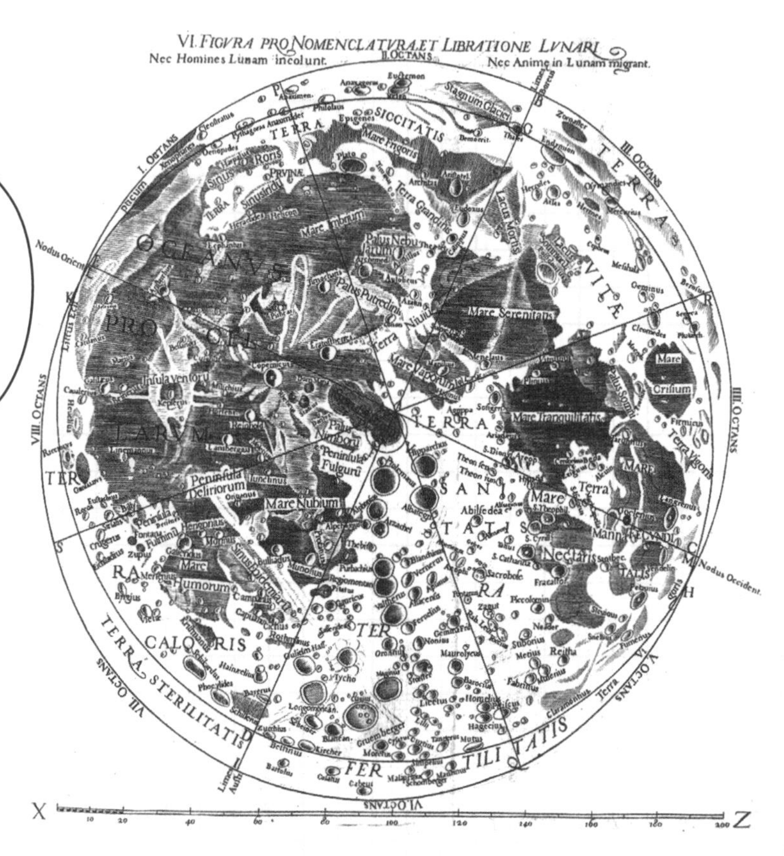

VI. FIGVRA PRO NOMENCLATVRA ET LIBRATIONE LVNARI
Nec Homines Lunam incolunt.
Nec Animæ in Lunam migrant.

달 탐사의 역사2

미국과 소련의 우주 개발 경쟁

과학기술이 발달하면서 사람들이 꿈꾸던 달 여행이 가능해졌습니다. 소련은 최초의 인공위성, 최초의 우주인 그리고 최초의 달 탐사 등으로 우주 개발 경쟁에서 미국을 앞질러 나갔습니다. 그렇다면 처음 달 여행에 성공한 나라는 어디일까요?

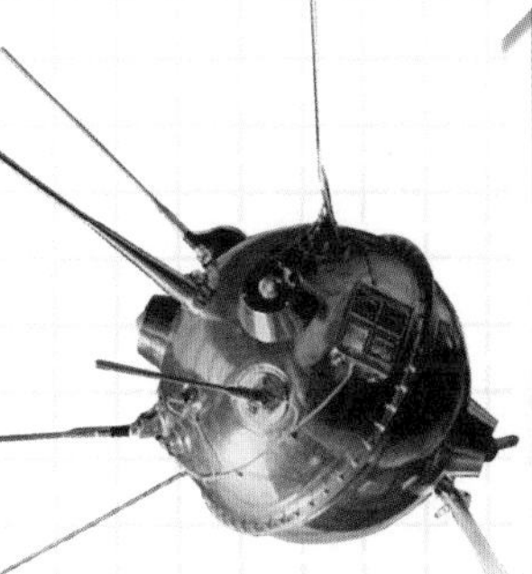

루나 계획 : 소련의 달 탐사 계획

소련의 루나 1호는 1959년 1월 최초로 달 궤도에 도착했습니다. 같은 해 10월에는 루나 3호가 최초로 찍은 달 뒷면의 사진을 지구로 보내왔지요. 1970년 11월, 달로 향하는 루나 17호에는 루노호트라는 달 탐사로봇이 실려 있었습니다. 루노호트는 달의 표면을 자세히 조사했답니다.

내가 우주선장
닐 암스트롱이야.
나는
마이클 콜린스.
난 버즈 올드린.

아폴로 계획 : 미국의 유인 달 탐사 계획

미국의 아폴로 계획에는 많은 어려움이 있었습니다. 미국은 소련을 빨리 따라잡기 위해 무리하게 아폴로 1호에 사람을 태워 보내려 했습니다. 하지만 이 과정에서 화재로 3명의 우주인이 목숨을 잃었습니다. 과학자들은 실패의 원인을 찾은 뒤 처음부터 차근차근 계획을 진행했습니다. 마침내 1969년 7월 16일 역사적인 아폴로 11호가 발사되었습니다. 아폴로 11호를 타고 달에 발을 디딘 닐 암스트롱과 버즈 올드린은 최초로 달을 여행한 사람이 될 수 있었습니다.

아폴로 11호 탐사과정

아폴로 계획은 어떻게 사람을 달로 보낼 수 있었을까요? 아폴로 계획이 진행되는 과정을 알아보아요.

1단계 새턴 5호 로켓의 출발

아폴로 계획에 쓰인 새턴 5호 로켓은 거대한 로켓입니다. 3명의 우주인과 사령선, 달착륙선, 소형 로켓과 연료 등 가지고 가야 할 게 많아 초대형 로켓이 필요했지요. 새턴 5호 로켓은 111m로, 무려 40층 아파트 정도의 높이입니다. 이렇게 거대한 로켓이 우주로 나가기 위해서는 어마어마한 연료가 필요한데, 이 연료가 타는 불꽃은 수백 km 밖에서도 보인답니다.

2단계 지구 궤도 진입

출발한 지 약 9분 후면 로켓은 187km 상공의 지구 궤도에 진입합니다. 이때 우주선에 문제가 없는지 최종 점검합니다. 문제가 있다면 여기서 포기해야 합니다. 지구 궤도를 떠나 달을 향해 출발하면, 도중에 지구로 돌아올 수 없기 때문입니다.
점검은 우주선이 지구를 한 바퀴 반 도는 동안 모두 이루어집니다.

3단계

달을 향한 비행

아폴로 우주선은 지구 궤도를 떠난 지 약 3일 뒤 달에 도착합 니다. 달로 가는 도중 우주선의 온도는 햇빛이 직접 닿는 곳(130℃)과 햇빛이 닿지 않는 곳(-120℃)에 심한 온도 차이가 나게 됩니다. 이로 인한 비틀림을 막으려 아폴로 우주선은 1시간에 3번씩 통닭처럼 회전했습니다.

4단계

달 궤도 진입

달 근처까지 날아온 아폴로 우주선은 속도를 줄여 달에 접근합니다. 공기가 없는 우주 공간에서 속도를 줄이기 위해서는 이동 방향의 반대로 로켓을 쏴야 합니다. 아폴로 우주선에는 로켓이 하나만 있어서 우주선을 반대로 돌린 후 속도를 줄여야 했습니다.

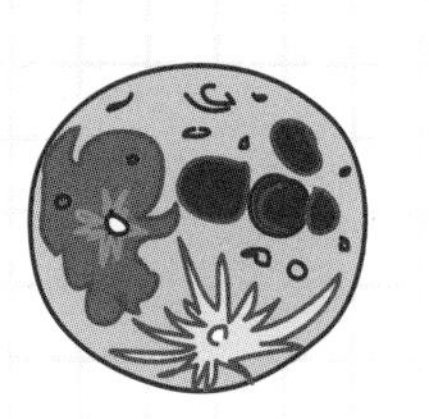

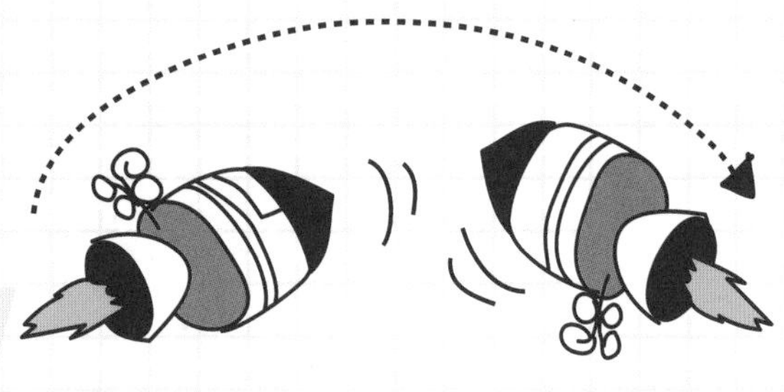

회전 준비

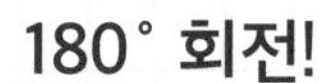

5단계 착륙선 분리 및 달 표면 착륙

닐 암스트롱
1930~2012

달 궤도에 진입한 우주선은 달을 13바퀴 돌면서 착륙을 준비합니다. 콜린스는 사령선을 지키고, 올드린과 암스트롱은 착륙선인 독수리호로 옮겨 탔습니다. 콜린스가 사령선과 착륙선을 연결한 빗장을 풉니다. 이제 착륙선에 문제가 있으면 올드린과 암스트롱은 사령선으로 돌아올 수 없습니다.

여기는 고요의 바다!
독수리는 착륙했다!
사령선
달 착륙선

6단계 달에서의 걷기 및 임무 수행

달에 착륙한 지 6시간 20분이 지나고 나서 암스트롱은 착륙선의 문을 열었습니다. 아홉 계단을 내려와 달 표면에 발이 닿는 순간 암스트롱은 "이것은 개인에게는 작은 발걸음이지만 인류에게는 커다란 도약"이라고 말했습니다. 그 후 암스트롱과 올드린은 2시간 정도 달에서 지진계와 레이저 반사경을 설치하고 월석과 흙을 채취해 착륙선으로 돌아왔습니다.

만약 내가 달에 도착한다면
이렇게 말할 거야!

"

"

달에서의 이륙 및 궤도선과 도킹

7단계

임무 수행을 마친 암스트롱과 올드린은 착륙선에 탄 후 사령선으로 이동합니다. 그 다음 사령선은 착륙선을 떼고 지구로 향합니다. 달에서 지구로 갈 때는 큰 로켓이 필요하지 않습니다. 왜냐하면, 달의 궤도만 벗어나면 우주선은 지구로 떨어지기 때문입니다.

지구 궤도 진입 및 바다에 착륙

8단계

세 명의 우주인이 탄 사령선만 남은 아폴로 11호는 대기권으로 비스듬히 들어와 25m 낙하산 3개를 펴며 무사히 태평양 바다에 착륙했습니다. 아폴로 11호 우주인들은 출발한 지 8일 3시간 18분 21초 만에 지구로 돌아왔답니다.

사령선

궤도 진입

낙하

바다 착륙

내가 아폴로 11호의 우주인이라면?

아래의 물음에 답하며 나와 어울리는 우주인을 찾아보세요.

유명인이나 인기 연예인이 되고 싶다

No → 평소에 계획을 잘 세우고 준비를 하는 편이다

Yes → 학교에서 반장이나 회장을 맡아 일해 본 적이 있다

무언가 직접 만드는 걸 좋아한다

혼자 게임하거나 책 읽는 것을 좋아한다

친구들에게 꼼꼼하다는 이야기를 듣는다

어린이천문대에서 배운 것을 자주 이야기한다

친구에게 도움을 많이준다

참을성이 많다

우주선 선장 (닐 암스트롱)

용기와 리더십을 갖추었네요.
미래의 우주 선장이 되어보세요.

사령선 조종사 (마이클 콜린스)

신중하고 꼼꼼한 우리 친구는
우주 과학 연구자가 되면 어떨까요?

착륙선 조종사 (버즈 올드린)

상상력이 풍부하고 손재주가
많네요. 우주 탐사 계획을 세우는
우주 공학자가 어울려요.

한 장으로 정리해볼까?

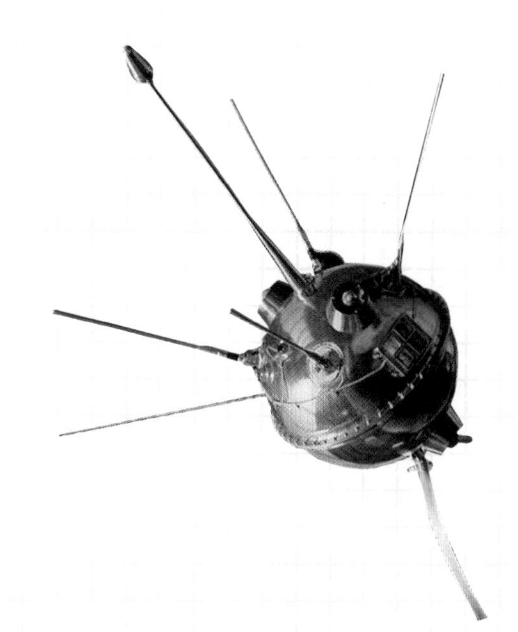

? 문제

1. 최초로 망원경으로 달을 관측한 천문학자는 누구일까요? (   )
2. 1950년대부터 1970년대까지 진행된 소련의 무인 달 탐사 계획을 무엇이라고 하나요? (   )
3. 역사상 처음으로 달 착륙에 성공한 미국의 유인우주선 이름은? (   )
4. 아폴로 11호가 달에 착륙했을 때 홀로 사령선에 남은 조종사의 이름은? (   )

chapter 10

가을철 별자리와 별의 거리

10

- 누가 별자리를 만들었을까?
- 가을철 별자리
- 별자리 이야기 안드로메다자리
- 가을철 밤하늘 스케치
- 뒤죽박죽 별자리
- 별까지의 거리
- 가장 가까운 별

아래 그림에서 서로 다른 곳을 찾아보세요.

앗!
방금 종이배자리에서
떨어진 별똥별 봤어?
종이배자리가 어디 있어.
뼈다귀자리에서 떨어지는
별똥별은 봤지.
저 별자리는
카시오페이아자리야~
카시오페이아자리라고?
아무리 봐도
뼈다귀 같은데.

누가 별자리를 만들었을까?

1 메소포타미아와 이집트의 별자리

- 기원 전 3,000년 경
- 황도 12궁 사용
- 이집트에서는 43개 별자리 사용

1 2 3 4

2 고인돌에 새겨진 별자리

- 청동기시대 고조선
- 고인돌의 덮개돌에 북두칠성, 남두육성 등의 별자리가 새겨져 있음

3 프톨레마이오스의 알마게스트

- 기원 후 150년
- 최초로 별의 밝기와 위치를 정리한 히파르코스의 자료를 바탕으로 48개의 별자리 정리

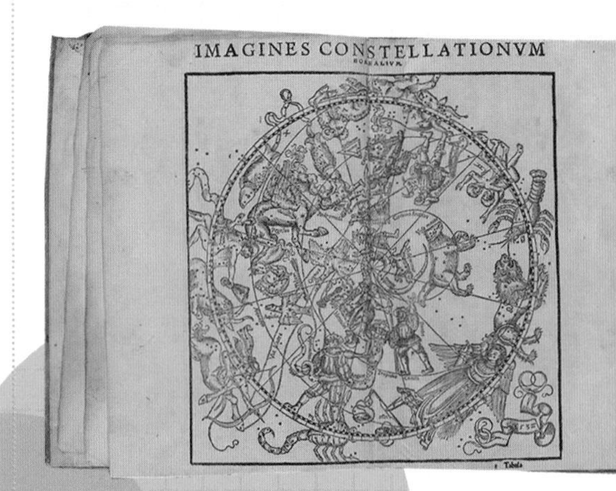

4 고구려 고분 벽화

- 기원 후 6세기 고구려
- 장천 1호분, 덕화리 1, 2호분, 각저총 등에서 별자리를 그린 천문도와 고분 벽화가 발견됨

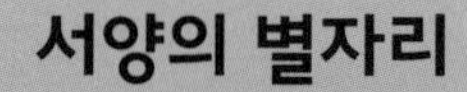

7 국제천문연맹의 약속

- 1928년 황도 12궁을 포함한 북반구 하늘 40개, 남반구 하늘 48개로 총 88개 별자리를 사용하기로 약속

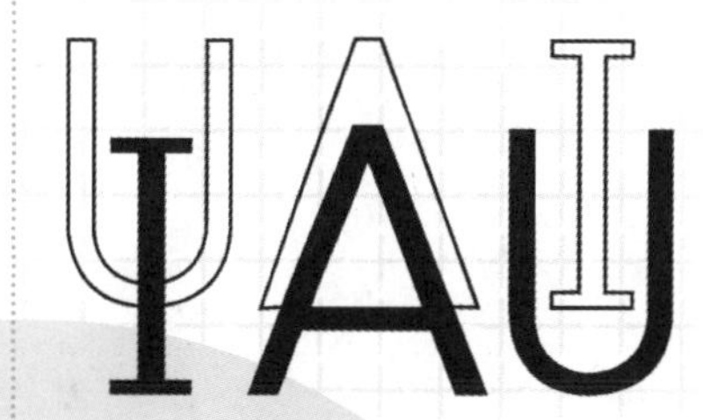

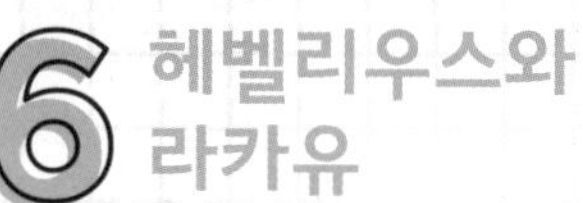

- 헤벨리우스(1611~1687)는 북반구 별자리에 방패자리 등 7개 별자리 추가
- 라카유(1713~1762)는 남반구 별자리 추가

7

5 천상열차분야지도

- 1395년 류방택, 권근 등 11명이 제작
- 1,467개의 별이 280개의 별자리를 이루고 있음
- 별의 밝기와 위치가 정밀하게 새겨진 세계적인 보물

류방택 (柳方澤, 1320 ~1402년)

우리나라의 별자리

가을철 별자리

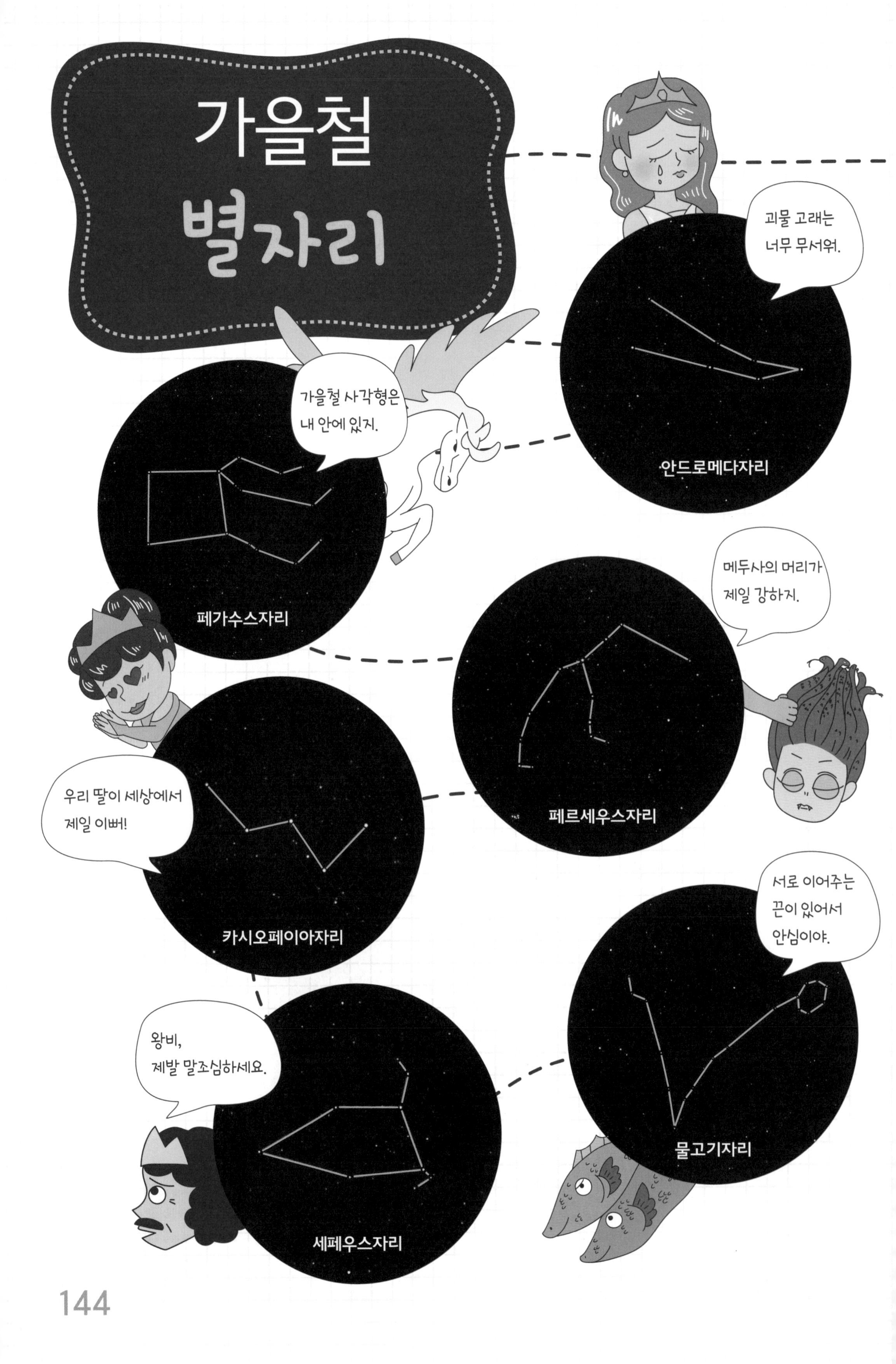

괴물 고래는 너무 무서워.
안드로메다자리
가을철 사각형은 내 안에 있지.
페가수스자리
메두사의 머리가 제일 강하지.
페르세우스자리
우리 딸이 세상에서 제일 이뻐!
카시오페이아자리
서로 이어주는 끈이 있어서 안심이야.
물고기자리
왕비, 제발 말조심하세요.
세페우스자리

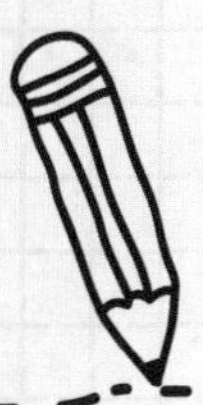

가을철 별자리를 그려보자.

왼쪽 별자리 사진을 보면서 별자리선을 완성해 보세요. ◉ 표시된 밝은 별을 이어보면 어떤 모양일까요?

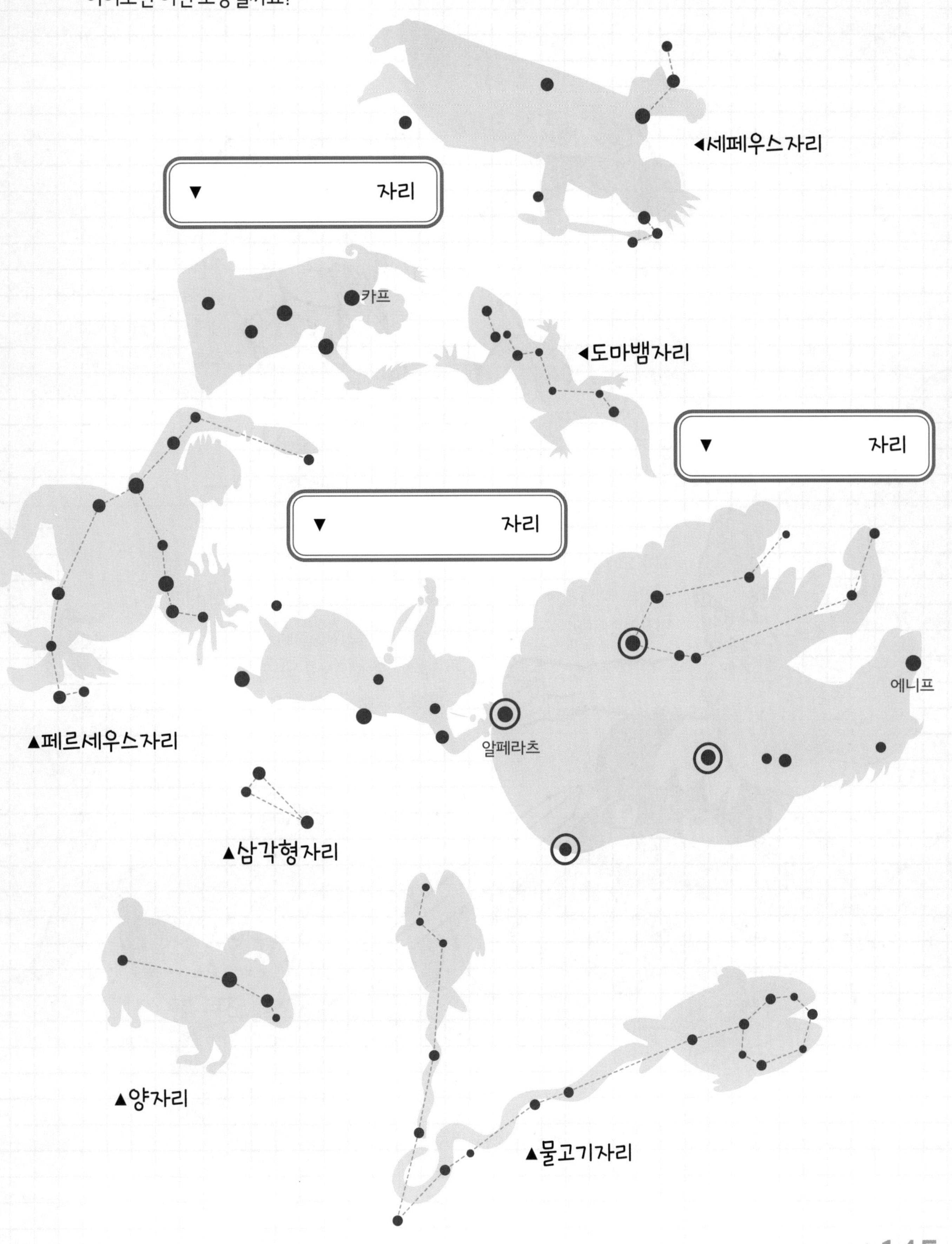

별자리이야기
안드로메다자리
안드로메다자리에는 안드로메다의 가족과 연인 페르세우스에 관한 이야기가 담겨 있습니다.
안드로메다 공주는 에티오피아의 왕 세페우스와 왕비 카시오페이아의 딸입니다.
카시오페이아는 자신의 딸 안드로메다가 세상에서 제일 예쁘다고 말했습니다. 포세이돈의 딸보다도 아름답다고 허영을 부렸지요.
이에 화가 난 포세이돈은 괴물 고래를 보내 에티오피아를 쑥대밭으로 만들었습니다.
포세이돈에게 용서를 빌기 위해 안드로메다는 바닷가 바위에 쇠사슬로 묶여 괴물 고래의 제물로 바쳐졌습니다.
메두사를 물리친 후 페가수스를 타고 집에 가던 페르세우스는 불쌍한 안드로메다를 보았습니다.
페르세우스는 메두사의 머리를 이용해 괴물 고래를 물리친 후 안드로메다를 구해 행복하게 살았답니다.

가을철 밤하늘 스케치

가을철 밤하늘에는
어떤 천체가 숨어있을까요?

가을철 별자리는
내게서 시작해.

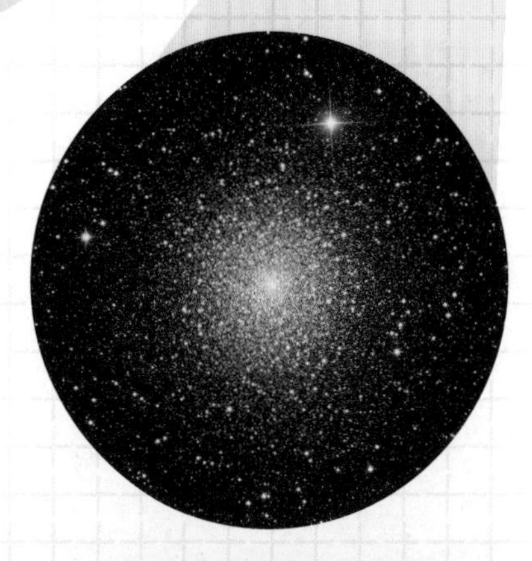

페르세우스 이중성단 (NGC869, 884)

안드로메다자리 아래에 있는 페르세우스자리에는 NGC869, 884라는 유명한 이중성단이 있습니다. 망원경으로 보면 두 곳에 모여 있는 별이 아름답게 보인답니다.

안드로메다은하 (M31)

빛이 없는 곳에서는 맨눈으로 안드로메다은하를 볼 수 있습니다. 지구로부터 250만 광년 떨어져 있는 안드로메다은하는 우리의 이웃 은하입니다.

페가수스 구상성단 (M15)

페가수스의 콧구멍 별인 에니프 앞에는 페가수스 구상성단이 있습니다. 페가수스 구상성단은 특히 별들이 빽빽하게 모여 있기로 유명합니다.

뒤죽박죽 별자리

카시오페이아자리는 우주 어디에서나 같은 모습으로 보일까요? 만약 다른 별의 행성에서 밤하늘을 본다면, 우리는 카시오페이아자리를 찾을 수 없을지도 모릅니다. 그 이유는 바로 카시오페이아 별자리를 이루는 별까지의 거리가 모두 다르기 때문입니다.

지구에서 바라본 카시오페이아자리

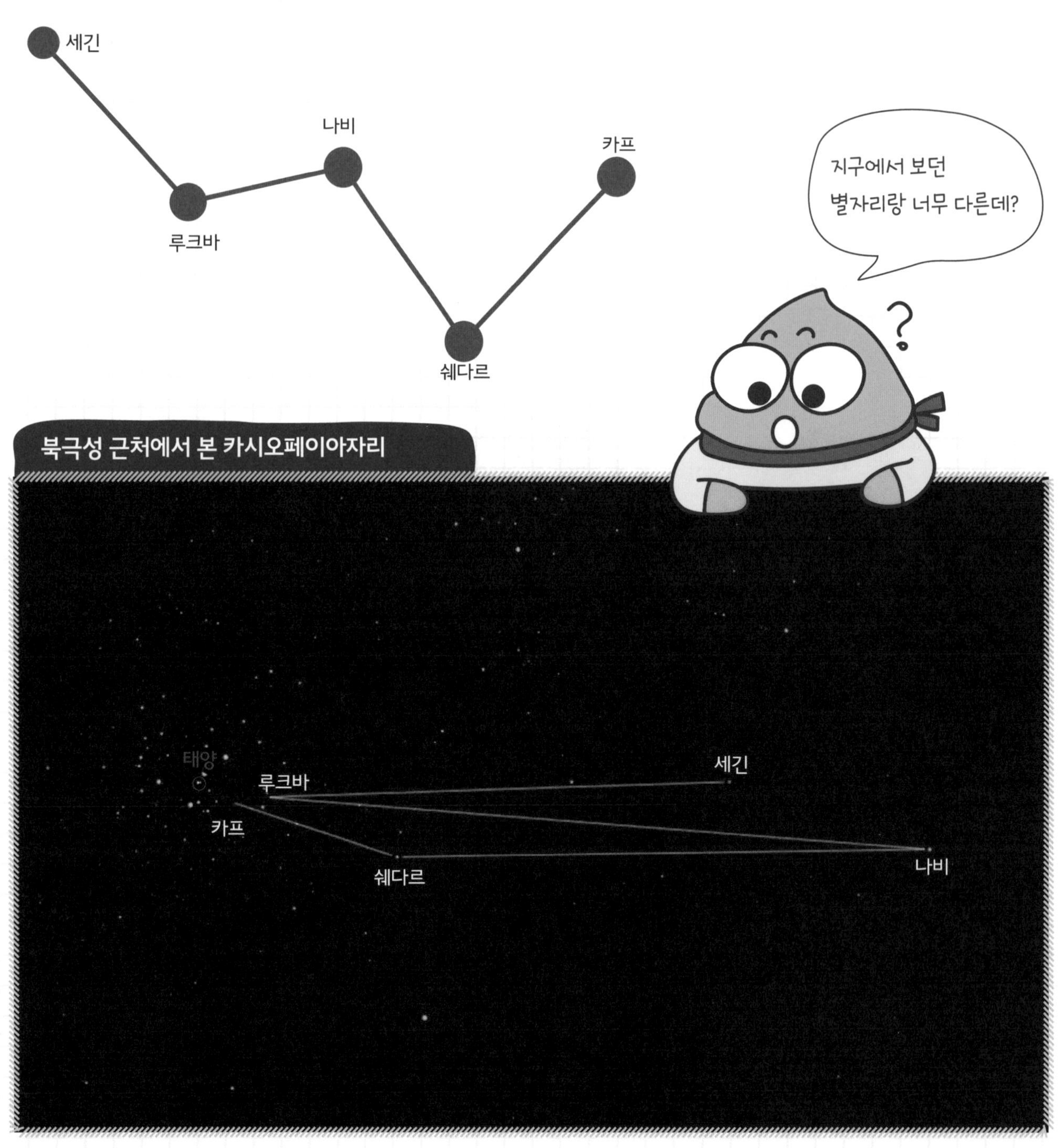

별까지의 거리

서로 떨어진 도시의 거리를 나타낼 때, 킬로미터(km)를 사용합니다. 예를 들어 서울과 부산은 약 330km 떨어져 있습니다. 그렇다면 별까지의 거리도 km로 나타낼 수 있을까요?

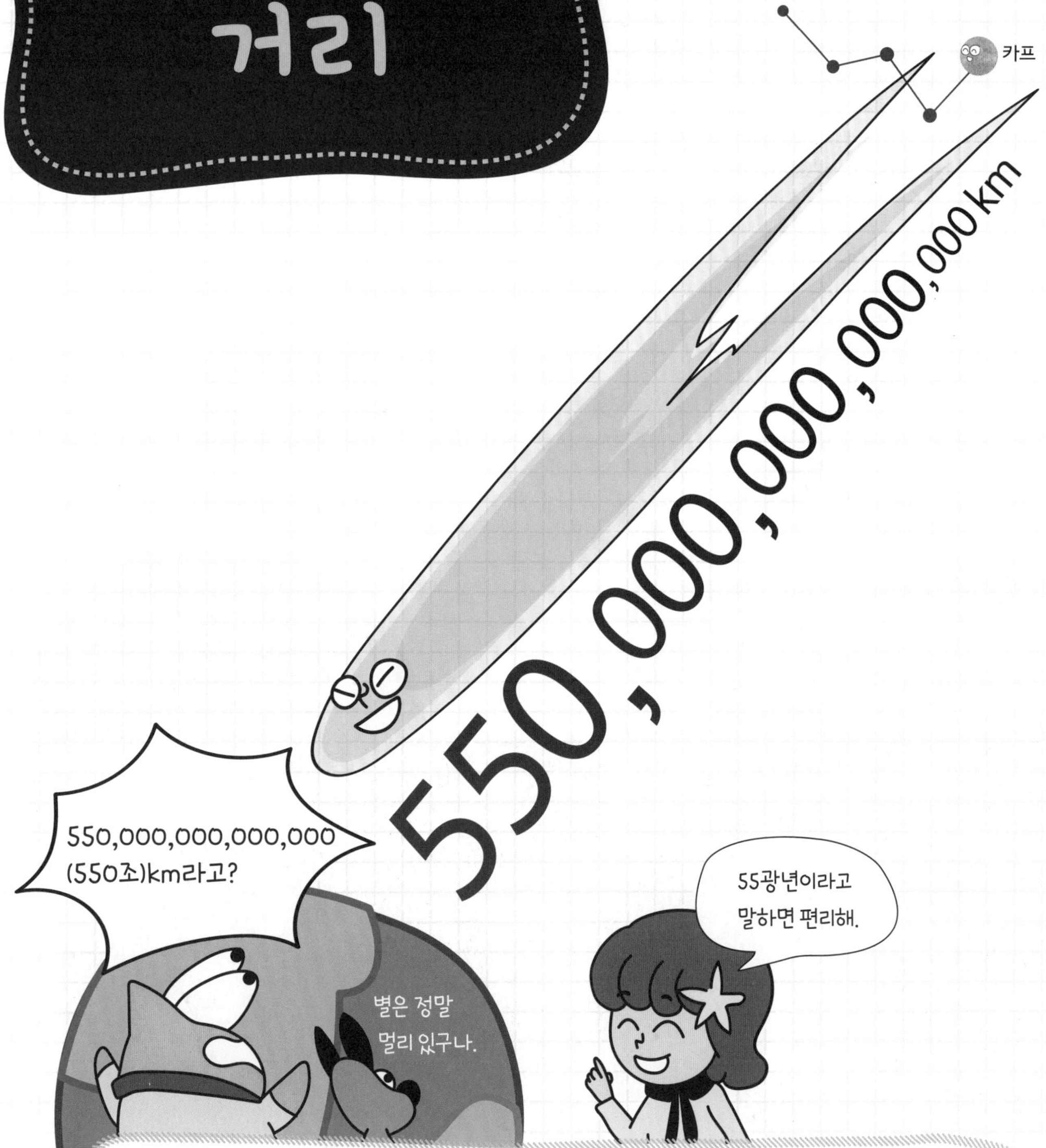

카프
550,000,000,000,000km
550,000,000,000,000 (550조)km라고?
55광년이라고 말하면 편리해.
별은 정말 멀리 있구나.

카시오페이아자리 카프까지의 거리는 약 550,000,000,000,000(550조)km입니다. 이렇게 km로 별까지의 거리를 표시하면 숫자가 너무 커져 불편하지요. 그래서 별의 거리를 나타낼 때는 광년이라는 단위를 사용합니다. **1광년은 빛이 1년 동안 간 거리**를 말하는데, 이 거리가 약 10조km입니다. 이 단위를 사용하면 카프는 55광년 떨어져 있다고 말할 수 있답니다.

가장 가까운 별

지구에서 가장 가까운 별은 태양입니다. 달이나 금성이 더 가깝다고 생각할 수도 있겠지만, 금성과 달은 스스로 빛을 내지 않기 때문에 별이 아니지요. 그렇다면, 태양을 빼고 밤하늘에서 가장 가까운 별은 무엇일까요?

제일 가까운 별까지는 금방 갈 수 있겠지?
제일 가까운 별 프록시마까지 가는 건 지구와 태양 사이를 140,000번 왕복하는 것과 비슷해.
프록시마

센타우루스자리 프록시마

센타우루스자리는 우리나라에서는 잘 보이지 않는 별자리입니다. 프록시마는 매우 작고 온도가 낮은 적색왜성으로 지구에서부터 4.2광년 떨어져 있답니다.

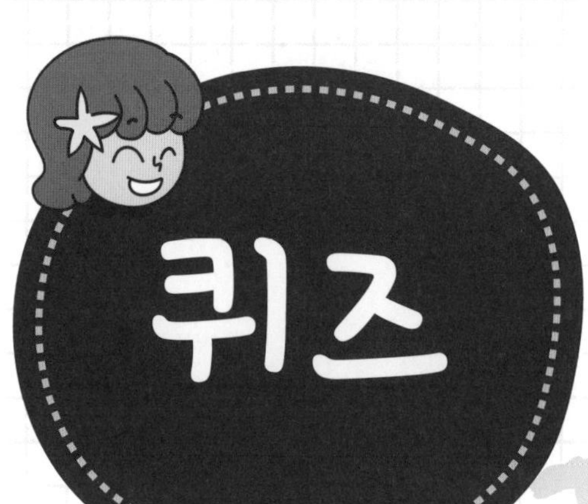

한 장으로 정리해볼까?

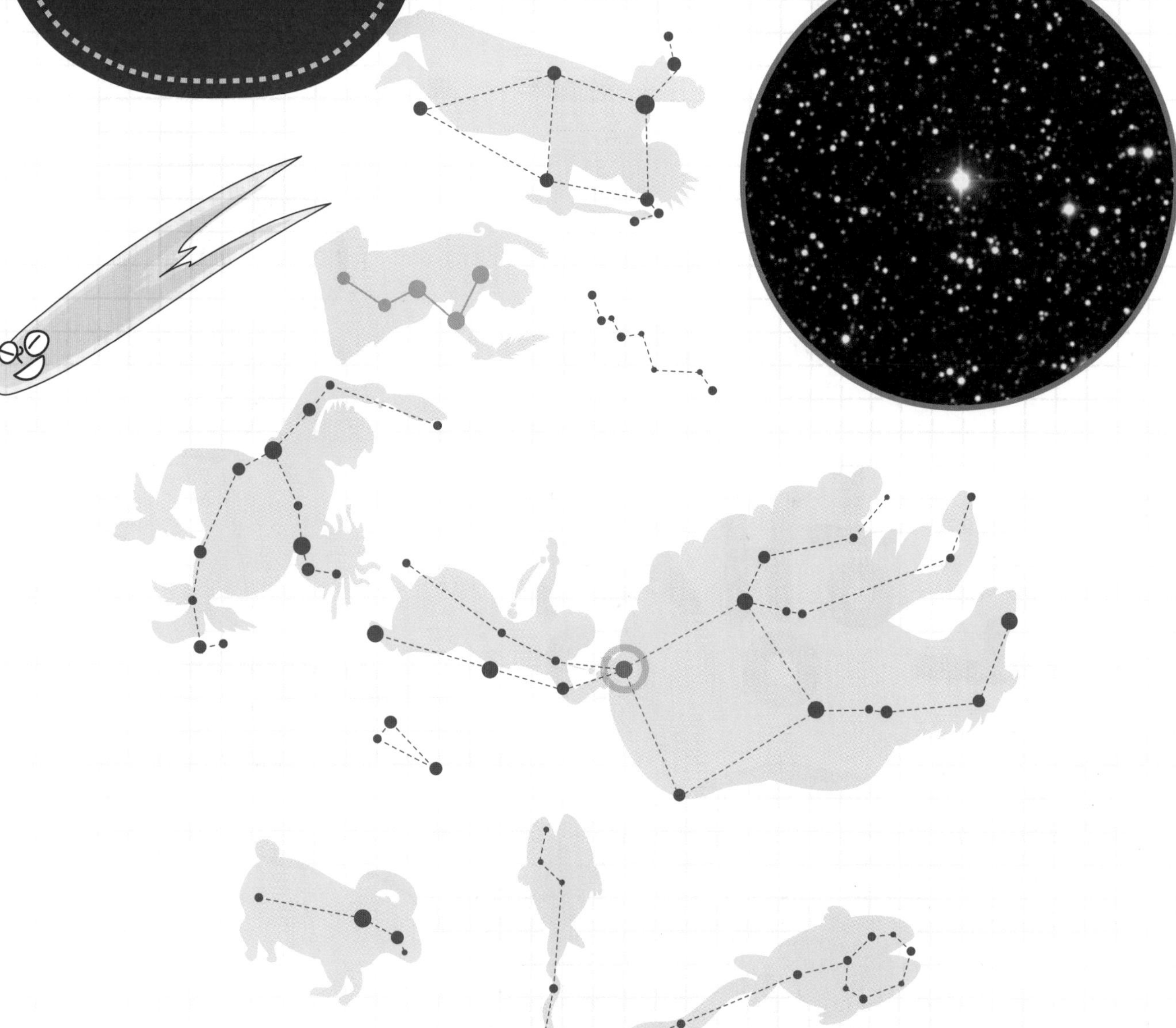

문제

1. 오늘날에는 총 88개의 (   )를 사용한다.
2. 페가수스자리의 몸통은 가을철의 (   )이라고 부른다.
3. 페가수스자리와 안드로메다자리에 동시에 포함되는 별은 (   )이다.
4. 빛이 1년 동안 갈 수 있는 거리를 나타내는 단위를 (   )이라고 한다.
5. 밤하늘에 보이는 별 중 가장 가까운 별은 (   )이다.

chapter 11

사라진 공룡과 소행성

11

- 어떻게 돌이 될까?
- 무시무시한 도마뱀
- 공룡의 전성시대
- 운석 충돌설 증거
- 지구 근접 천체
- 지구를 지켜라

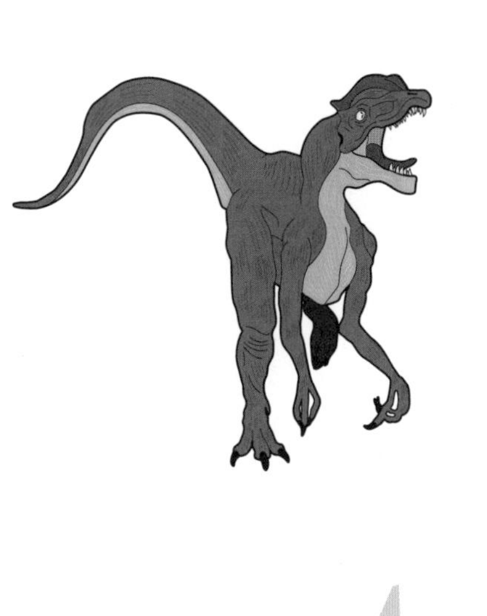

땅 속에서 엄청 큰
뼈다귀를 찾았어!
신난다!
대체 땅을
얼마나 판거야.

덥썩!
와장창!
헉!
아이고 내 이빨…
돌덩어리 씹은 줄 알았네.
어머 라이카.
그건 뼈다귀가 아니야.
라이카…
괜찮니?
이건 뼈다귀 모양으로
굳어진 돌이야.
빨리 말해주지…
뭐? 돌이라고?!

어떻게 돌이 될까?

먼 옛날에 살았던 생물의 형체나 흔적이 새겨진 돌을 화석이라고 합니다. 그럼 화석은 어떻게 만들어지는 걸까요?

생물이 발자국을 남기거나, 죽어서 땅에 흔적을 남깁니다.

그 위로 퇴적물이 쌓이고, 그 후 생물이 썩어 없어집니다.

시간이 지나 생물이 만든 공간에 광물이 흘러들어 딱딱해집니다.

단단히 굳은 광물이 드러나 화석으로 발견됩니다.

어떤
동물이 살았을까요?
화석을 조사하면 옛날에 어떤 동물이 살았는지 알 수 있습니다.
화석으로 동물의 모습을 생각해 볼 수 있기 때문이지요.
이 화석은 어떤 동물이지?
코끼리뼈와 닮았는데 더 크네.
이건 추운 빙하기에 살던 코끼리의 조상, 매머드가 남긴 화석이야.
미래에 개미가 똑똑해진다면?
만약 미래에 인류가 멸종한다면 수천만 년이 지난 후 지구의 모습은 어떨까요?
지금 사람들이 화석을 조사하는 것처럼 미래에는 생각하는 힘을 가진 똑똑한 개미가
사람의 화석을 조사할지도 모릅니다. 인간 화석을 조사한 똑똑한 개미는 어떤 생각을 할까요?
인간 화석이 많이 나오는데 이들은 왜 모두 한꺼번에 갑자기 사라졌을까?
화산이 폭발한 걸까? 기후가 갑자기 바뀐 것일까? 아니면 소행성이 충돌한 걸까?

무시무시한 도마뱀

1842년, 영국의 과학자 오언은 톱니 모양의 이빨이 있는 커다란 턱뼈 화석을 발견했습니다. 이 화석은 도마뱀의 턱과 모양이 비슷했지만, 도마뱀 머리보다 훨씬 컸습니다. 그래서 오언은 이 화석을 공룡(다이너소어)이라고 이름 붙였습니다. 다이너소어는 무시무시한 도마뱀이라는 의미이죠.

옛날에는 대체 얼마나 커다란 도마뱀이 살았던 거야?
리차드 오언
1804~1892
인간보다 크다!

출처: Wiki Commons

공룡의 전성시대

공룡 화석을 찾아내 얼마나 오래 되었는지 조사하면 각 공룡이 살았던 시기를 알 수 있습니다. 아래 그림은 과학자들이 조사한 몇몇 공룡들이 살았던 시기입니다. 왼쪽으로 갈수록 더 오래전에 살던 공룡이지요.

알로사우루스
티라노사우루스
콤프소그나투스
데이노니쿠스
오르니토미무스
케라토사우루스
?
살타사우루스
세그노사우루스
사우로펠타
안킬로사우루스
이구아노돈
파라사우롤로푸스
공룡이 한꺼번에
사라졌어!.
파키케팔로사우루스
프시타코사우루스
트리케라톱스
약 1억 4,500만 년 전
약 6,600만 년 전
백악기

공룡은 왜 사라졌을까?

2억2천8백만 년 전부터 지구에 살던 공룡은 6천6백만 년 전 동시에 멸종했습니다. 공룡이 갑자기 사라진 이유는 무엇일까요?

1980년 노벨 물리학상을 받은 알바레즈는 이탈리아의 구비오 지역에서 공룡이 멸종한 시기에 생성된 이상한 점토층을 발견했습니다. 이 점토층에는 **이리듐**이 많이 있었습니다. 이리듐은 지구보다 우주에 많은 희귀원소로 주로 운석에서 발견됩니다. 이탈리아 외에도 지구 곳곳에서 똑같은 점토층이 발견되었습니다. 따라서 알바레즈는 공룡이 멸종한 시기에 **소행성이 지구에 충돌**했다고 생각했지요. 하지만 사람들은 이 말을 믿지 않았습니다. 왜냐면 소행성 충돌로 만들어졌을 큰 운석 구덩이가 보이지 않았기 때문입니다.

소행성 충돌설의 증거

1990년, 멕시코 칙술루브 지역의 바닷속에서 지름 180km짜리 크레이터가 발견되었습니다. 드디어 알바레즈 부자의 주장에 대한 결정적인 증거를 찾은 것입니다. 이 크레이터는 바닷속에 있어 찾기가 매우 어려웠습니다. 칙술루브 크레이터의 발견으로 공룡이 갑자기 사라진 이유가 소행성 충돌 때문이라고 생각하는 사람이 많아졌습니다.

이상한 구덩이만
있고 석유는 없네.

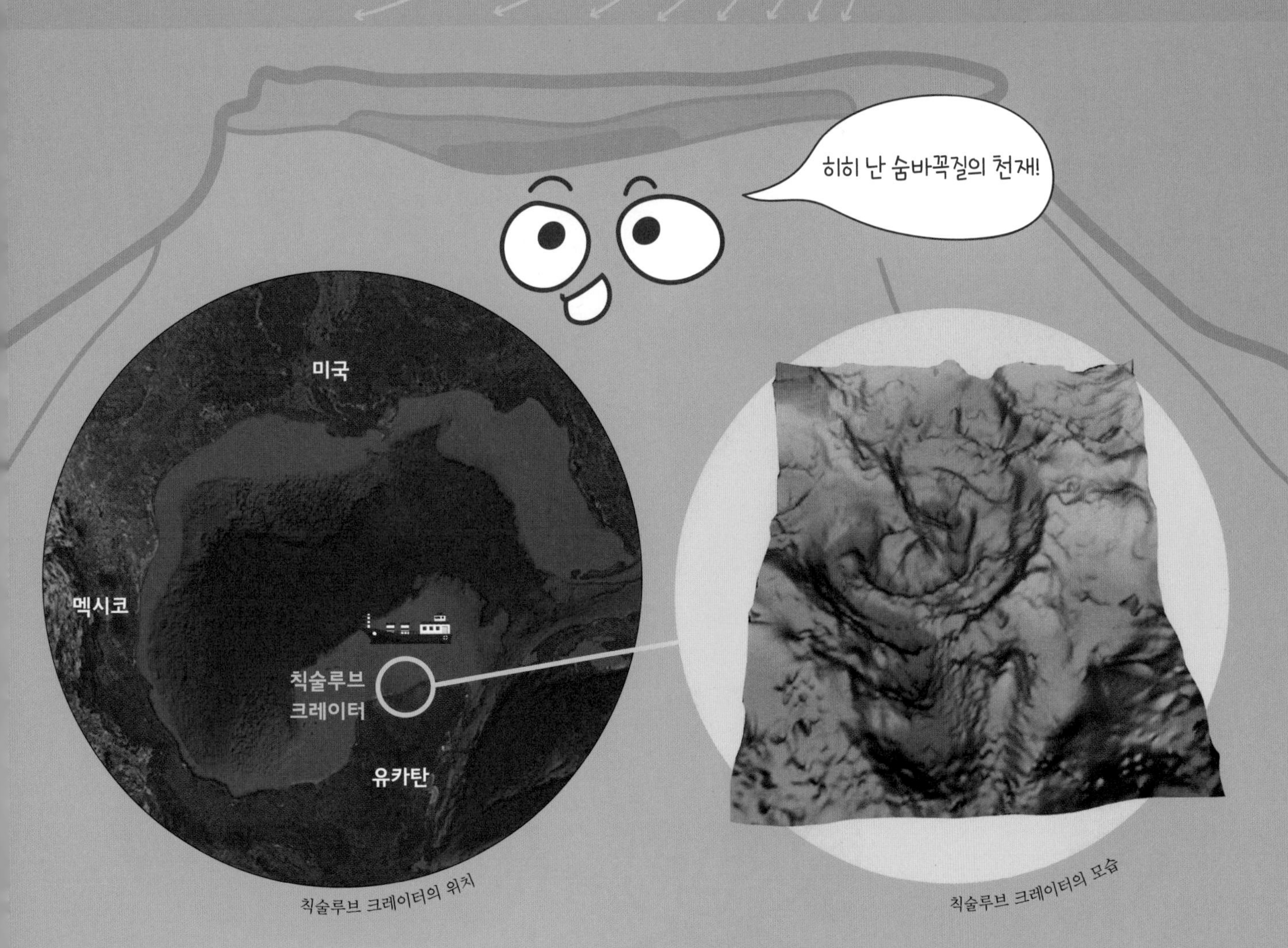
히히 난 숨바꼭질의 천재!
미국
멕시코
칙술루브
크레이터
유카탄

칙술루브 크레이터의 위치

칙술루브 크레이터의 모습

지구에 크레이터가?

사실 지구에는 수많은 크레이터가 있습니다. 그만큼 지구에도 소행성이 충돌한다는 뜻이지요.

클리어 워터 크레이터
발견 장소 : 캐나다 퀘벡
크기 : 지름 36km, 26km
생성시기 : 3억 년 전

적중-초계분지
발견 장소 : 경상남도 합천군 적중면과 초계리 경계
크기 : 지름 4km
생성시기 : 5만 년 전

마니코건 크레이터
발견 장소 : 캐나다 퀘벡
크기 : 지름 100km
생성시기 : 2억천만 년 전

베링거 크레이터
발견 장소 : 미국 애리조나
크기 : 지름 1.2km
생성시기 : 5만 년 전

소행성 충돌은 옛날에만 일어났나보네~

크레이터는 달에만 있는 줄 알았는데.

소행성 충돌은 2013년에도 있었어! 러시아의 첼랴빈스크라는 지역에 운석이 떨어지면서 1,200여 명의 사람을 다치게 했지.

근지구 천체

소행성 충돌에 의해 공룡이 멸종했다면, 인류 역시 소행성 충돌로 멸종할 수 있지 않을까요? 소행성이 매우 위험하다는 것을 깨달은 과학자들은 지구 근처에 있는 소행성을 감시하기 시작했습니다.

지구 근처 4,500만km 이내로 접근하는 소행성이나 혜성을 모두 감시해요. 특히 140m 이상의 커다란 소행성은 집중적으로 지켜보지요.

이렇게 지구 근처의 소행성이나 혜성을 **근지구천체(Near Earth Object : NEO)**라고 부릅니다. 지금 이 순간에도 세계의 천문학자들은 근지구천체를 찾고 있습니다. 놀라운 점은 매일 새로운 근지구천체가 발견된다는 것입니다.

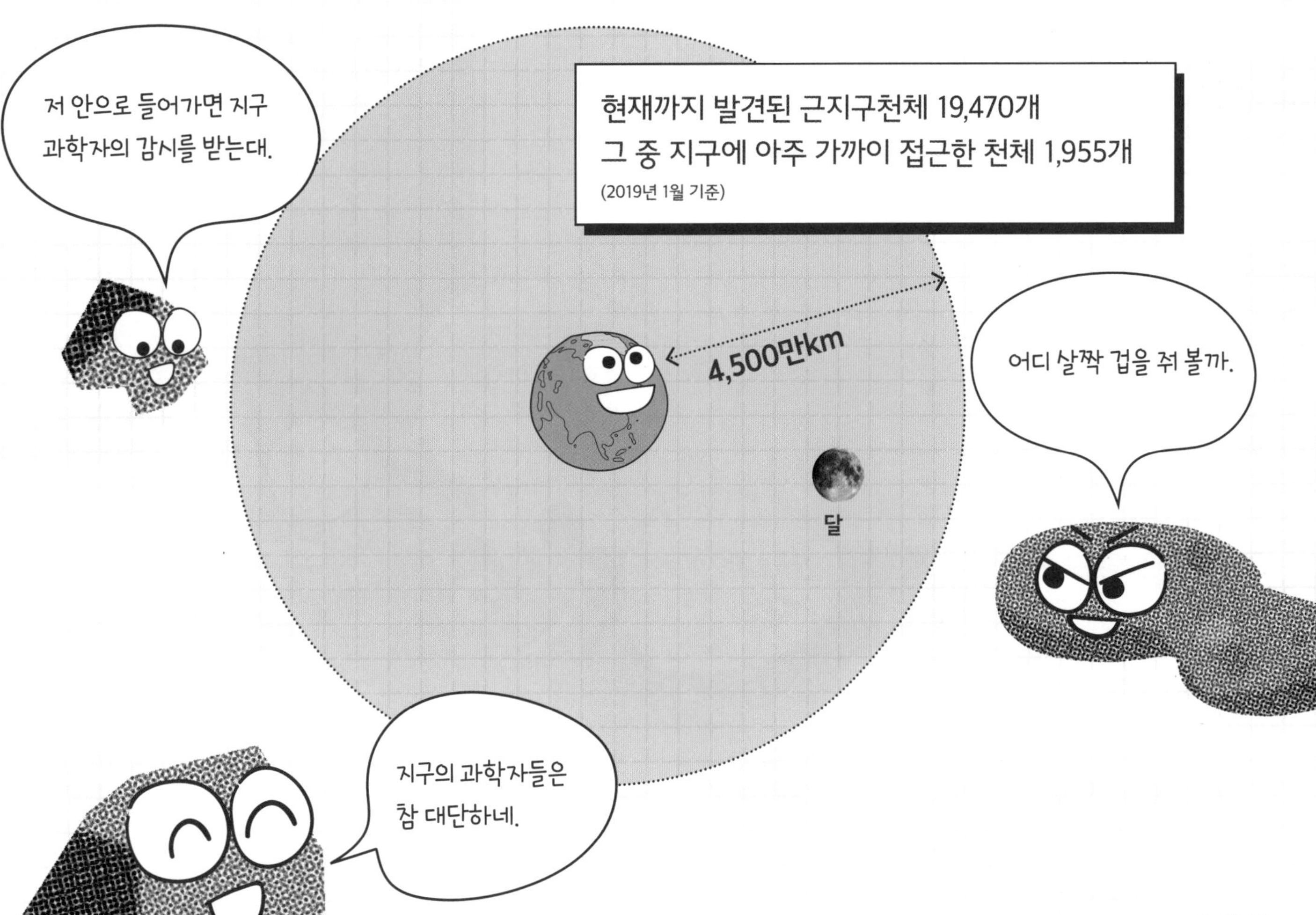

저 안으로 들어가면 지구 과학자의 감시를 받는대.
현재까지 발견된 근지구천체 19,470개
그 중 지구에 아주 가까이 접근한 천체 1,955개
(2019년 1월 기준)

어디 살짝 겁을 줘 볼까.
지구의 과학자들은 참 대단하네.

지구를 지켜라

소행성, 혜성과 같은 지구 근접 천체는 신비한 우주의 수수께끼를 풀어줄 열쇠입니다. 하지만 지구에 사는 생명체들에겐 아주 위협적인 존재이기도 하지요. 만약 미래의 어느 날, 소행성이 지구에 충돌하게 되면 인류는 공룡처럼 멸종하지 않을까요? 소행성 충돌을 막기 위해선 어떻게 해야 할까요?

지구를 지킬 방법을 생각해 보아요.

소행성 에로스

소행성 베뉴

지구 가까이에
소행성이 이렇게
많다니!!

지구는 라이카님이
지킨다!

소행성 아이다

퀴즈 한 장으로 정리해볼까?

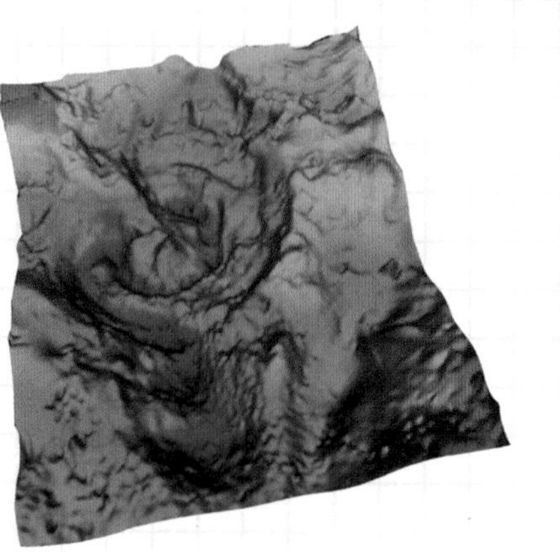

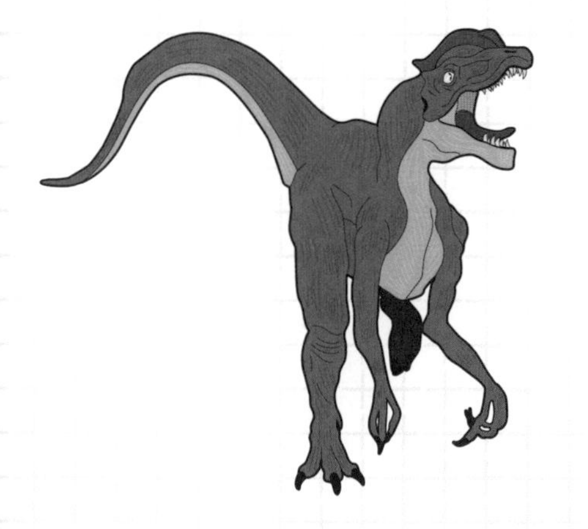

? 문제

① 먼 옛날에 살았던 생물의 형체나 흔적이 새겨진 돌을 ( )이라고 한다.

② 공룡이 갑자기 사라진 이유는 ( )충돌 때문이다.

③ 알바레즈 부자가 발견한 점토층에는 우주에서 온 원소 ( )이 많다.

④ 소행성 충돌로 인해 공룡이 멸종할 때 생긴 ( )는 멕시코 바닷속에 있다.

⑤ 지구 가까이에 있는 혜성이나 소행성을 ( )라고 한다.

chapter 12

우주 속의 지구

- 지구의 모습
- 우주에서 본 지구
- 지구의 공전
- 지구의 자전
- 북쪽 하늘 별자리
- 찾아라! 북극성

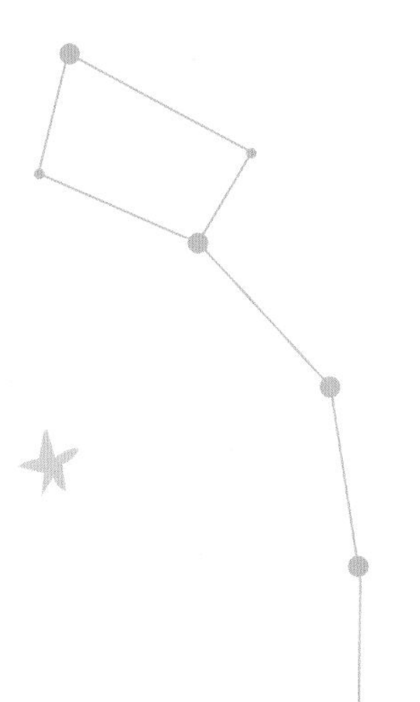

옛날 사람들의 지구

인도에선 아난타라는 뱀 위의 거북이 등 위로 코끼리들이 평평한 지구를 떠받치고 있다고 생각했지!
중국에선 중국을 중심으로 아홉 개의 신성한 산이 동서남북으로 나누어져 있고, 지구 끝에는 많은 용이 산다고 생각했어!
내가 항해를 하다 생각한건데 지구는 서양배와 비슷하게 생긴 것 같아.
크리스토퍼 콜롬버스
1451~1506

어? 배가?
공 줘!
큰일이야!!!
배가!
앗!
별이야!
배가 가라앉고 있어!!!
걱정하지 마. 저건 배가
가라앉는 게 아니야.

분명 배가
가라앉고 있는데?
공 줘!

지구의 모습

수평선 너머로 멀어지는 배의 모습은 왜 가라앉는 것처럼 보였을까요? 그건 바로 지구가 둥글기 때문입니다. 만약 지구가 네모나 세모 모양이라면 어떨까요? **배의 모습이 어떻게 보일지 생각해보고 짝을 맞춰보세요.**

지구 그림자가 달을 가리는 월식이 일어나면, 더 확실하게 지구의 모습을 알 수 있습니다. 달에 드리운 지구 그림자를 보세요. 지구는 어떤 모습일까요?

우주에서 본 지구

우리가 사는 지구에는 에베레스트산처럼 매우 높은 산도 있고, 태평양처럼 넓은 바다도 있습니다. 하지만 먼 우주에서 보면, 지구는 공처럼 둥근 모습입니다.

아폴로 17호에서 찍은 지구.

달에서 본 지구다!

생각해봐요 ①

지구는 공처럼 둥글지요. 하지만 우리는 지구 밖으로 떨어지지 않습니다. 왜 그럴까요?

지구 **중력**이 모든 것을
지구 중심으로
끌어당기기 때문이야!

생각해봐요 ❷

달에서 본 지구의 사진을 보면 지구는 아무것도 없는 우주에 둥둥 떠 있습니다.
어떻게 떠 있을 수 있을까요?

만약 지구가 제자리에 가만히 있다면 무거운 태양의 중력에 끌려갈 것입니다. 하지만, 지구는 태양 주변을 빠른 속도로 움직이기 때문에 태양에 떨어지지 않고 우주에 떠 있을 수 있답니다. 이것을 지구의 **공전**이라고 합니다.

생각해봐요 ❸

달에서 본 지구는 반쪽이 잘 보이지 않고 어둡습니다.
그럼 지구의 어두운 부분은 무엇일까요?

지구의 모습이 반달처럼 보이는 건 태양 빛이 비추는 곳은 밝게 보이고, 빛이 닿지 않는 곳은 어둡게 보이기 때문입니다. 어둡게 보이는 부분은 바로 **밤**입니다.

생각해봐요 ❹

아침에 태양이 떠서 낮이 되고, 저녁에 태양이 져서
밤이 되려면 지구는 어떻게 움직여야 할까요?

태양을 옆에 두고 지구가 팽이처럼 돌면 밤과 낮이 번갈아 가며 나타납니다. 이것을 지구의 **자전**이라고 합니다.

지구의 공전

매일 같은 시간 밤하늘을 보면 별자리의 위치가 조금씩 변합니다. 그래서 봄, 여름, 가을, 겨울에 서로 다른 별자리가 남쪽 하늘을 차지하지요. 이렇게 별자리가 움직이는 이유는 바로 지구가 일 년 동안 태양 주위를 공전하기 때문입니다.

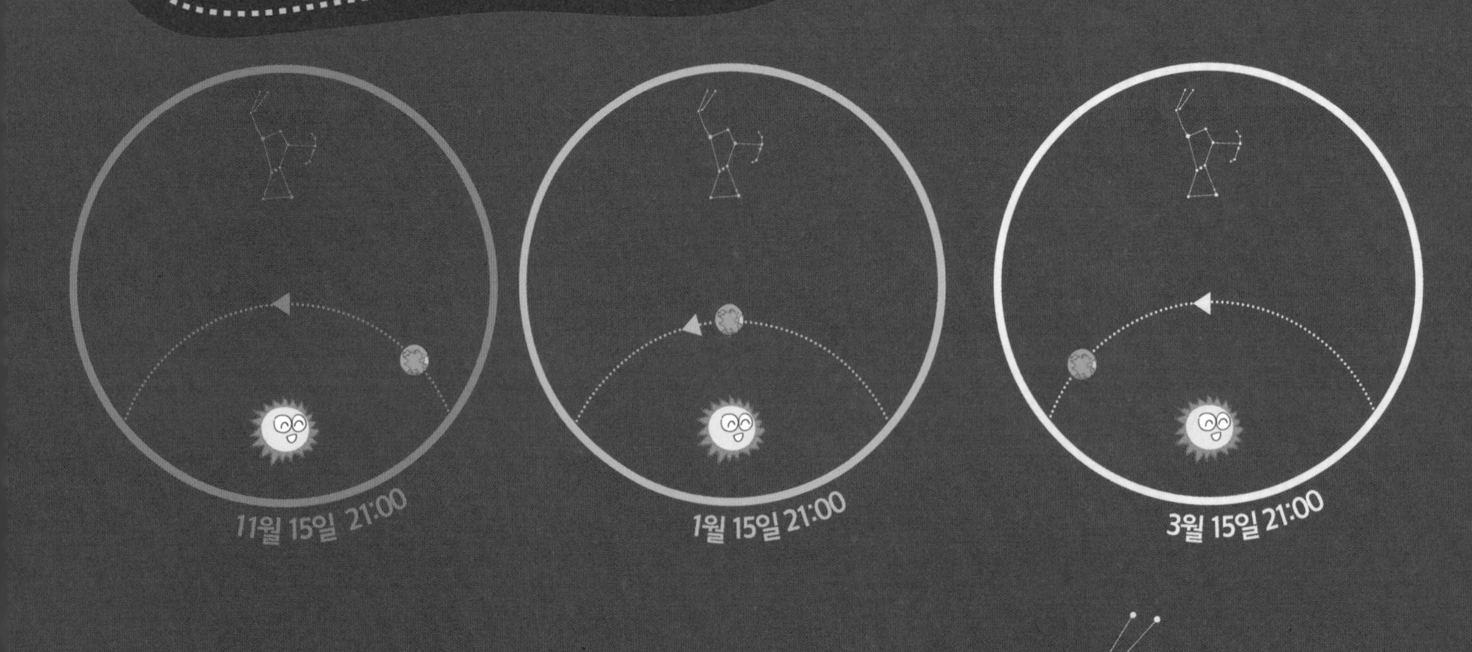

지구가 태양을 한 바퀴 공전하는 데 시간이 얼마나 걸릴까요?

1. 1초 **2.** 1시간 **3.** 1일 **4.** 365일 **5.** 10년

지구는 하루에 한 번씩 북극과 남극을 잇는 축을 중심으로 회전합니다. 북쪽에서 보면 시계 반대 방향으로 돌지요. 이렇게 팽이처럼 도는 지구의 운동을 자전이라고 합니다. **지구의 자전축이 가리키는 방향에 있는 별이 바로 북극성입니다.**

지구가 한 번 자전하는 데 시간이 얼마나 걸릴까요?

1. 1초 **2.** 1시간 **3.** 24시간 **4.** 365시간 **5.** 1년

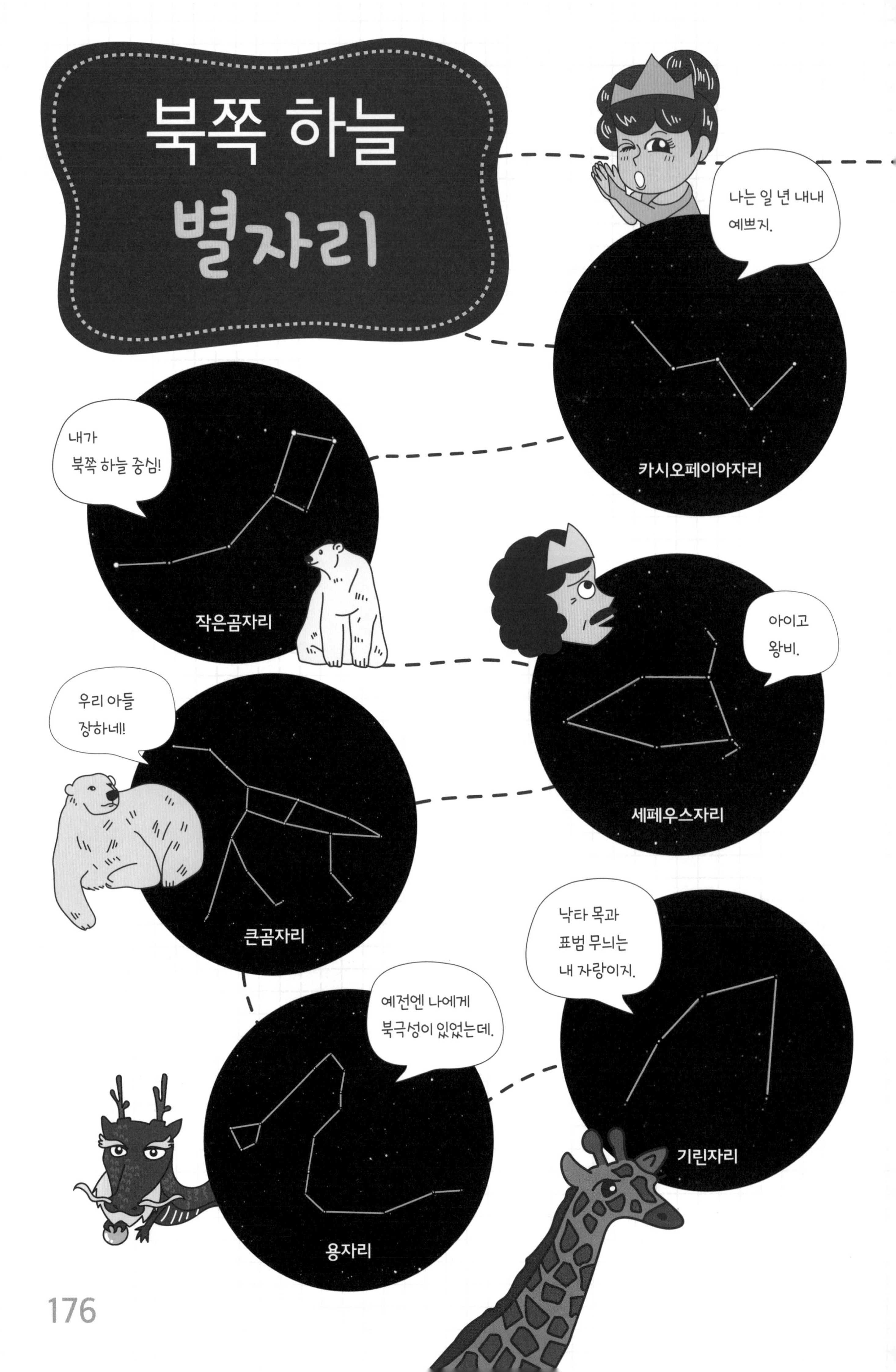
북쪽 하늘
별자리
나는 일 년 내내
예쁘지.
카시오페이아자리
내가
북쪽 하늘 중심!
작은곰자리
아이고
왕비.
세페우스자리
우리 아들
장하네!
큰곰자리
낙타 목과
표범 무늬는
내 자랑이지.
기린자리
예전엔 나에게
북극성이 있었는데.
용자리

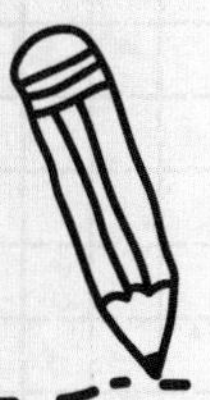

북쪽 하늘 별자리를 그려보자.

왼쪽 별자리 사진을 보면서 별자리선을 완성해 보세요.

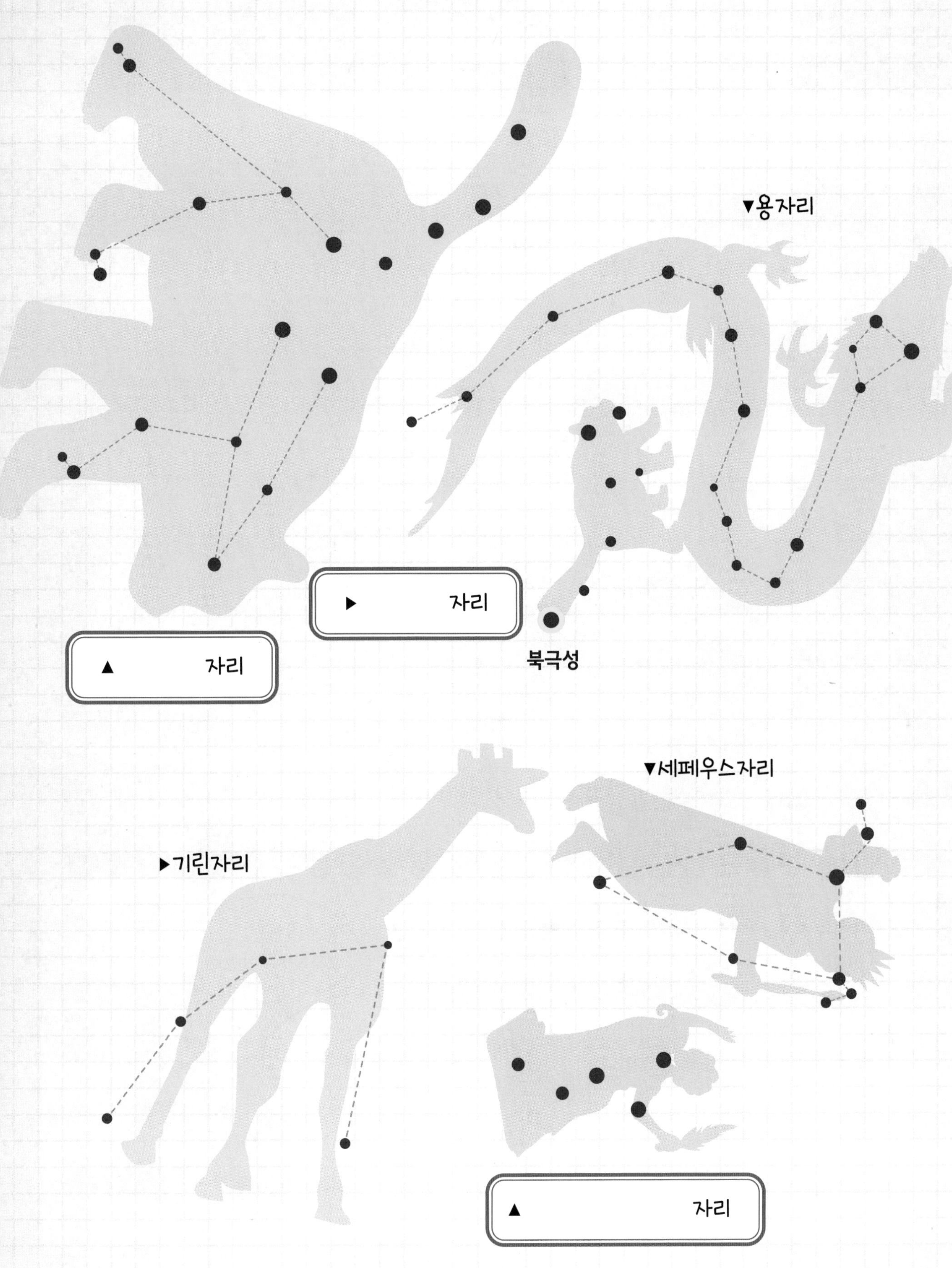

찾아라! 북극성

팽이가 회전해도 팽이의 중심축은 가만히 있듯이, 북극성도 시간이 지나거나 계절이 바뀌어도 항상 같은 자리에 있습니다. 그래서 북극성을 찾으면 밤에도 동서남북 방향을 쉽게 찾을 수 있습니다.

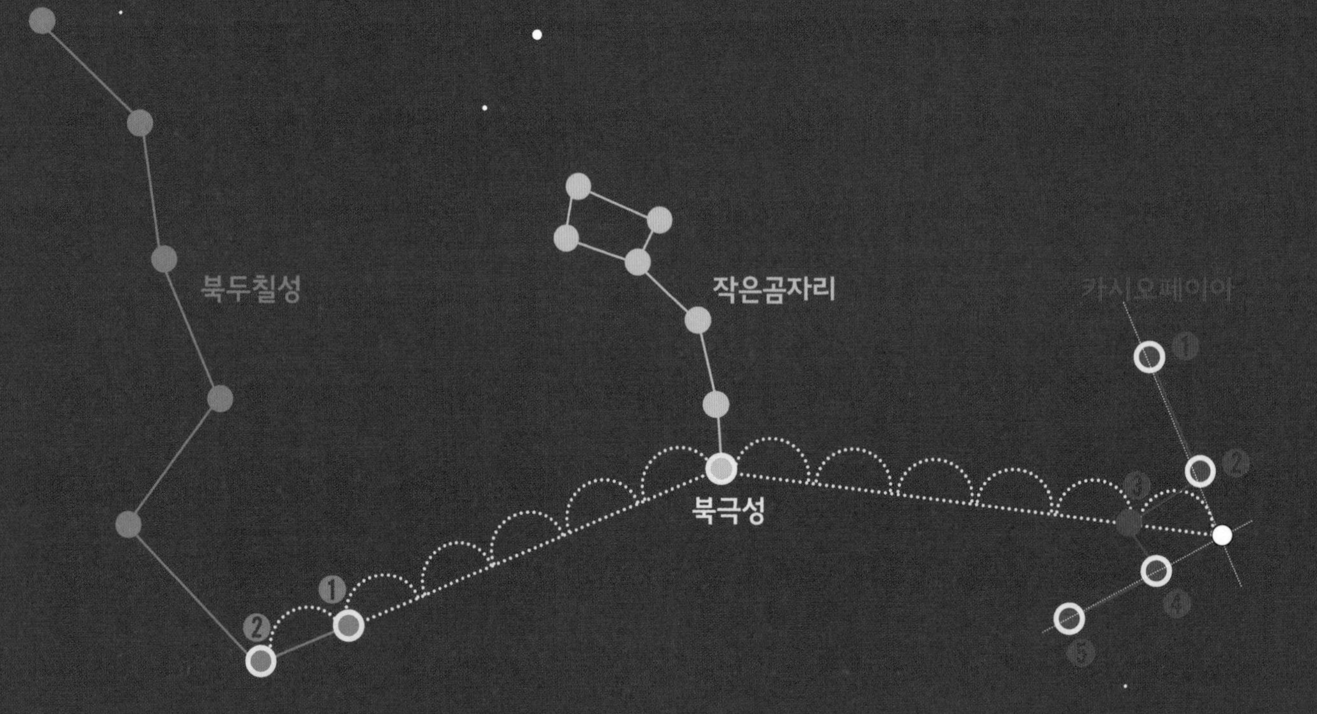

큰곰자리의 꼬리, 북두칠성으로 북극성을 찾는 방법

1. 국자 끝의 ❶별과 ❷별을 잇습니다.
2. ❶별에서 그린 선 길이의 5배 연장한 곳에서 북극성을 찾습니다.

카시오페이아로 북극성을 찾는 방법

1. ❶별과 ❷별을 잇습니다.
2. ❺별과 ❹별을 잇습니다.
3. 두 선이 만난 ○에서 ❸별까지 선을 그립니다.
4. ❸별에서 그린 선 길이의 5배 연장한 곳에서 북극성을 찾습니다.

봄, 여름에는 북두칠성이 잘 보여.

가을, 겨울에는 카시오페이아가 잘 보이지.

한 장으로 정리해볼까?

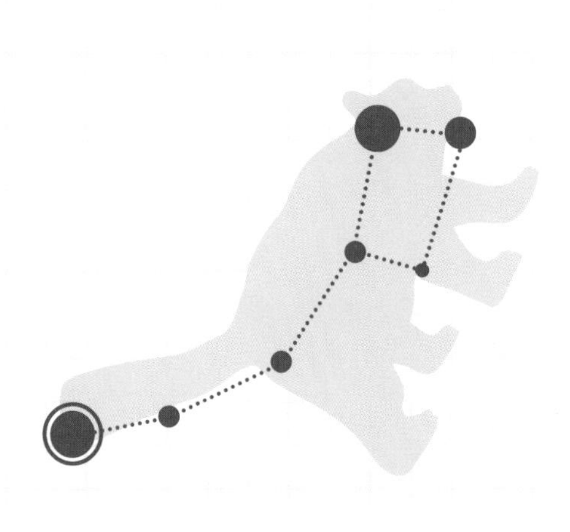

문제

① 지구 그림자가 달을 가리는 ( )으로 동그란 지구의 모습을 알 수 있다.

② 지구는 태양 주변을 일 년 동안 한 바퀴 ( )한다.

③ 지구는 팽이처럼 하루에 한 번씩 ( )한다.

④ 지구의 남극과 북극을 이은 자전축은 ( )을 가리키고 있다.

⑤ 북극성은 ( )자리에 있는 별 중 하나이다.

사진·자료출처

www.freepik.com
© NASA
© ESA
© ESO/E. Slawik
© Wikimedia Commons
그 외의 일러스트, 사진은 어린이천문대 자체제작

이 책에 수록된 천문정보는 2019년 1월을 기준으로 작성되었습니다.